アナウンサーは足で喋る

吉村 功

Isao Yoshimura

桜山社
SAKURAYAMA SHA

アナウンサーは足で喋る　目次

第3章　原点は野球実況

第4章　スポーツアナひとすじで

序章　保険会社内定からアナウンサーへ

分相応

高校で教師をやっていた兄の教え子で、出版社の代表を務めているという江草三四朗さんから突然、「本を出してみませんか?」と誘いを受けました。晴天の霹靂《へきれき》。思いもかけない誘いに驚き、悩みました。しかし、年甲斐もなく大昔の初恋に似たドキドキ感を覚えたのも事実。悩みの根本は、「私のような者が本を書いて良いのか?」でした。

私より優れたアナウンサーは、先輩、後輩問わず数知れず。その人の経験談のほうがはるかに面白いと思いますし、私の周りにも、この人が本を書いたら絶対に読んでみたいという方はたくさんいらっしゃいます。こういう方に限って、奥ゆかしいというか謙虚というか、なかなか自分のことを本音で語ることもなく、ましてや文章をしたためることなど俗物のなせる技として見向きもしません。そんな中で、私ごとき者が図々しくも謙虚の欠片もなく本を書くなどもってのほか。分不相応極まれり。悩むのは当たり前です。

それに、どうも私は昔のことを振り返るのが苦手で、年を取った今なお、周りの若者ばかりの世界で彼らと同等の立場にいると勘違いし、彼らと論争する。時には喧嘩までして顰蹙《ひんしゅく》を買っている自分にあきれ果てることしばしばなのです。自覚もあって、いつも反省しているのですが、周りの若者たちにいかにも自慢気に昔話をすることだけは止めようとの意識の表

扉写真:保険会社から一転アナウンサーの道に。アナ歴は半世紀を超えた

れなんだと自分に言い聞かせています。

この「本を書かないか」との誘いに、よろよろと終焉に向かって歩いていた老犬はふと立ち止まり、逡巡しながら、悩みながら、過去を振り返り始めたのでした。「分相応に己の領域を超えない」。これがこれまでの私の人生。そう思っていました。

が、老犬の濁った目で過去の道を朧《おぼろ》気にたどり始めると、分相応に歩いていた道を時として大きく外し、己の領域を超え、分不相応に振る舞っていたことに気づきます。意外な真実に老犬はただ茫然、滂沱《ぼうだ》の涙を流すことに。アナウンサーを職業としたこと、これこそが分不相応の自分の領域を超えた最たるものであったのです。


1941年(昭和16年)、東京に生まれ、1962年(昭和37年)、早稲田大学の大学4年生になった私は、当然のごとく社会人の道を模索し始めました。分相応に我が道は平凡なサラリーマン。定年まで勤め上げ、後は悠々自適の人生こそが最良と何の疑いもなく思い込んでいた私は、かなり強い親戚のコネで、ある大手の保険会社に早々と内定をもらいました。後はのんびり学生生活最後の夏を楽しもうとルンルン気分だったことを覚えています。

ところが、待望の夏が近づいてきたある日、異変が体を襲います。朝、妙な違和感で目覚めると、体がだるいうえ、そこら中が痒く、体をまさぐると何やらぶつぶつの手触り。こりやおかしいと鏡の前に直行して体を写すとびっくり仰天、体中に赤い出来物が。とっさに蕁麻疹《じんましん》だ！と直感。別に悪いものを食べた覚えもなく、病院に行くとやはり「これは単なる蕁麻疹です」との診断。しかし、薬を飲んだ直後に腫れは引くものの、すぐまたぶつぶつが発症、即快癒というわけにはいかず、その後、長期間苦しむことになってしまいました。

さらに、自分でもこんな病気にかかることなど思いも寄らず、全く初めての経験。不眠症にも悩まされ始めたのです。これは酷かった。睡眠薬も効果なく、こんな苦痛は初めてでした。母が心配し、不眠症で眠れない大学生の私に添い寝してくれたことを思い出すと、この年になった今でも涙が込み上げてきます。

今考えると、これもまた分不相応がゆえの症状でしょう。自分の領域を守ろうとする体に対し、内なる心が反乱を起こしたに違いありません。蕁麻疹も不眠症も、何の苦労もせず自分の人生を安易に決め、安穏とする自分に、「お前、これで良いのか」という心の声が体の底から強烈なる突き上げとして現れたのかもしれません。

兄のアドバイス

不眠症治療の方策尽きた夏、母から旅を勧められました。そこで私は、名古屋で高校の数学教師をしていた兄を訪ねたのです。

何かと私のことを気にかけ、悩みを聞いてくれた兄は、「名古屋の東海テレビが社員を募集してるよ。思い切って方向転換して受けてみたら」とアドバイスをくれたのです。全くの畑違い。マスコミの世界などまるで興味はなかったのですが、とりあえず東海テレビに電話をかけると、「はい。社員を募集しておりますが、今年はアナウンサーのみの募集となります」

「エッ！　アナウンサー!?」

そのとき、何かが体に響きました！　雷に打たれたような感覚でした。

実はアナウンサーなるものに全く興味がなかったわけではありません。あまり覚えはないのですが、野球少年だった子供の頃、「野球の実況中継の真似ごとを近所に聞こえるような大きな声で喋っていたよ」と後に母が教えてくれました。少しは興味を持っていたのかもしれません。

さらには、高校から大学2年までは演劇部に所属。考えてみれば、これもまた分不相応で、別に役者の世界に憧れていたわけでもなく、単に可愛い女の子がたくさんいるらしいとの偽情報(!?)のせいで入部したようなものでしたが、毎日の発声練習だけは否応なくやらされる羽目に陥っていたのでした。正直辞めることばかり考えていました。

しかし、何が幸いするかわかりません。この発声練習こそが今日の自分の最大の武器である「声」を作ってくれたのです。

母から勧められた旅の一つが、まさかその後の人生を決めることになろうとは、知る由もありませんでした。

分不相応の挑戦

アナウンサー試験に挑戦しました。まさに清水の舞台から飛び降りるような思いでした。自分の領域を超えた、分不相応の挑戦でした。内心は、「どうせ駄目に違いない。これも何かの思い出。駄目なら友人には内緒にして保険会社に行けば良し」。こんな不純な思いが、なぜか心の安穏を取り戻してくれたからでしょうか。不眠症が幾分か和らいでいたのです。で、なんとアナウンサー試験に一発合格。人生やってみないとわからないことばかりです。晴れて１９６３年（昭和38年）、開局５年目の東海テレビにアナウンサーとして入社しました。時代は翌年の東京オリンピックに向けて何やら慌ただしく動いており、世の中は高度経済成長に向かって突っ走っていました。以来、アナウンサーを業として、年老いた今なお、アナウンサー人生を継続中です。

フジテレビ・アナウンス研修で衝撃

まさに奇跡としか言いようがありません。まるで未知の世界のアナウンサー。その知識もなければ、発声練習もいい加減にやっていた自分が、百倍近い競争率の難関を、人生たった1回の挑戦でくぐり抜けてしまったのです。周りの友人たちもびっくり。中には、「君にアナウンサーとしての将来の成功は考え難い。止めたほうがいい」と憎らしく言う奴まで出てくる始末。腹立たしい反面、情けなくも、「その通りかもしれない」と納得する自分もいました。

一方、母の心配は別のところにありました。私は四人兄弟の末っ子。子供の頃から人一倍甘えん坊で、自分の家から離れたこともない息子が、遠い名古屋の地での一人暮らしは無理だというものでした。信じられないかもしれませんが、当時は名古屋まで列車で5時間以上もかかり、関東の人間にとって名古屋、大阪はまるで異国の地に近い感覚だったのです。そんな名古屋での一人暮らしに私自身も全く自信がありませんでした。

このネガティブな心にさらに輪をかけたのが、当時はまだ新宿区河田町にあったフジテレビでのアナウンス研修でした。私と一緒に東海テレビのアナウンサーとして合格したのは、自分より大人に見えた岡本功（実際、はるかに大人で、どれだけ救われたことか！）、当時は限りなく美女に見えた国井康子（実は今の女房！）の3人で、ともに東京近郊で最後の大学生活を送っていた関係上、合格後の冬から同じ系列のフジテレビでの研修会に参加させられたのです。

また、振り返ってみると驚くことに、同じ年にフジテレビのアナウンサーとして入社したのが学生時代からアマチュアの花形アナとして有名だった露木茂、岩佐徹のほか能村庸一（「鬼平犯科帳」等時代劇のプロデューサーとして名を馳せる）などで、やがてはフジテレビの隆盛に関わった方々ばかり。

後に、フジテレビのアナウンス史上で最も優秀な人材が揃った年とも言われたほど、実に錚々《そうそう》たるメンバーとの合同研修会だったのです。私にとってこれは苦痛でした。その差はあまりにも歴然。「なるほど、こういう人たちがアナウンサーになるんだ！　まさに天と地ほどの差。私がアナウンサーになるなど、人生の勘違い。分不相応極まれり！」と自信をさらに喪失してしまった覚えがあります。

今も、入社早々、当時の下山順一アナウンス室長にこんなことを言われたのを覚えています。

「君はアナウンサーとしての適性には問題ありだけど、他の部署でも使えそうだから採用したんだよ。テレビ局はけっこういろんな分野があるし、他も面白いと思うよ」

うすうすそんなことだとは思っていましたが、いきなりずいぶん酷いことを言われたものだと思いました。ショックを受けたのは事実でしたが、開き直るのが早い私には納得するところもあり、現状がわかって気分は少し楽になりました。

「そうか、まずは5年頑張ってみようか。名古屋までもう来ちゃったし。今さらおめおめ帰れるか!!　頑張って駄目ならそのとき考えよう！」

高校時代は演劇部。著者は左

東海テレビ同期入社。左から岡本さん、妻・康子、著者

ずいぶんとネガティブな性格と劣等感の持ち主であったことは否定できませんが、私にも少しは取り柄があったのです。自分で言うのもなんですが、「執拗なる努力家」だったことが最大の長所だったような気がします。ある方に、「努力も才能のうちなんだよ。努力すると言ってる奴はたくさんいるけど、努力する才能を持ってる奴はそうはいないんだよ。努力の才能のない奴の努力は、無駄な努力なんだよ」と言われたことがあります。なるほどと思いましたね。

私自身、努力の才能があるとは思いませんし、むしろ不器用の典型なのですが、あえて「執拗なる努力家」と書かせていただいたように、目標を達成するまでは、納得するまでとことん執拗に追求しないと気が済まない性質だったのです。

「才能のある奴には敵《かな》わないけれど、分相応にいけるところまでは執拗に努力してみよう」。これが、悩みに悩んで自分が出した結論でした。

アナウンサーはツキ

もう一つ、当時の下山アナウンス室長に言われたことがあります。

「吉村君、スポーツアナウンサーには、名アナウンサーなんていないんだよ。そのときの良い状況とか凄い場面に居合わせたアナウンサーが勝ち。10対0の試合をどんな名実況をしても、こいつは無理。諦めるより仕方がないんだよ。つまりツキがあるかないかが勝負なんだ。アナウンサーはツキ、ツキだよ」

これを理解するのには、だいぶ時間がかかりましたね。青雲の志を抱いて入社してきたアナウンサー（私は別ですが）には理解し難く、単にツキだけでアナウンサーの良し悪しを判断されることなどあり得ない。実力さえつければ、名アナウンサーの道は開けるはずという青臭い論議の輪に仕方なく私は加わっていたものでした。

しかし、「アナウンサーはツキ」、これは事実でした。「ツキも実力のうち」と言われますが、実力はともかく、私ほど名古屋のローカル・スポーツアナウンサーとして恵まれたツキのある人間はいなかったような気がします。別にオリンピック放送をしたわけではありませんし、数多くの大スポーツイベントを経験したわけでもありません。が、ローカル（地方局）のアナウンサーとして（表現に少し語弊があり面白く思わない方もいらっしゃるかもしれませんが）、全国放送であるフジテレビのスポーツ番組にこれほど関わったアナウンサーはいないと思います。5年の辛抱のつもりが、なんと定年を過ぎてまでアナウンサーを続けていようとはまるで想定外。これもまた、分不相応の人生だったと思います。

時は容赦なく止まることなく進み、今思えばあっという間の東海テレビ時代でした。亡くなられたアナウンス室の下山順一室長、内山晴夫さん、首藤満さん、江口道雄さん……。ついこの間まで教えてもらい、叱られ、時には酒を酌み交わしながら酒の勢いでなまいきに噛みついたことも。

時は無情です。走馬燈のように思い出される数々の出来事は、現実という厳しい波間にすぐ消えていってしまいます。もちろん楽しいことばかりではありませんでした。いや、むしろ苦しい後悔の連続の時代だったような気がします。

様々な思い出がまるで幻のように浮かんできます。中日ドラゴンズの放送の思い出は数知れず。優勝中継、日本シリーズ中継、江川の8連続三振、高木守道、星野仙一、落合博満……。究極の「10・8決戦」。視聴率48・8％は秘かに胸に抱く私の宝物です。

マラソン中継。増田明美とトーミーの激戦。瀬古利彦の東京マラソン。中山竹通の広島Wカップマラソン。高橋尚子の日本記録。シドニー選考会。日本記録3回のマラソン中継。千葉国際駅伝。北京万里の長城駅伝。

体操のコマネチ、チャスラフスカ、東京の体操Wカップ。遠藤、中山、笠松、塚原、監物のラトビア・リガの国際体操。ボクシングはファイティング原田、石原英康の世界タイトル。競馬に東海クラシックゴルフ中継、ゴルフの中日カップ。

いや、よくぞここまで頑張ったと思います。

よみがえるアナウンサー魂

東海テレビには定年を過ぎてからもしばらくお世話になり、２００４年(平成16年)まで在籍しました。その後2年ほどアナウンサーとして会社に残りましたが、これはもう精神的に無理でしたね。休みなし、ノンストップで走り過ぎた体への代償は大きく、アナウンサー燃え尽き症候群に陥ってしまいました。

「もうすべてを捨て晴耕雨読の生活に入ろう。いや、何を言ってるんだ。君にそんな生活ができるわけないだろう」といった意味のない自問自答の末、アナウンサー生活を続けたく藁にもすがる思いで、これも今思えば分不相応な行動になりますが、岐阜マスコミのドン、当時の岐阜新聞社社長(現在は岐阜放送会長)の杉山幹夫氏に電話をかけたのです。

岐阜に30年以上住んでいるとはいえ、ほんのわずかの面識しかない私に、「わかった。すぐ来い」とのお返事を頂き、２００５年(平成17年)2月、粉雪舞う冷たい空気の中、心だけは久しぶりの高まりを覚えながら自転車に飛び乗り、岐阜新聞社に図々しくも出かけて行きました。私が押しかけて行ったわけですから、一期一会などとおこがましいことは言えませんが、若々しく凛とした表情で杉山さんはこうおっしゃいました。

「吉村君は中日戦やマラソン中継等で全国放送もやっていたと思いますが、今度はどう？　岐阜中心の地域のスポーツをラジオでやってみないか？　２０１２年(平成24年)には岐阜で2度目の国体、清流国体もあることだし、そこまで岐阜のスポーツを取材して喋ってみないか?」

私にとっては大袈裟でもなく、まさに神の啓示に近いものがありました。自分で取材し自分で喋る。そんな番組を持てるかもしれない。アナウンサーは足で喋るもの。これを実践できるかもしれないとの思いに心は躍りました。かくしてアナウンサー人生2回目の大きな転機を迎えたのでした。


「アナウンサーは足で喋る」これが私の原点です。

足に口があるものかとよく反撃されましたが、自分のアナウンサー人生は、足に支えられたと言っても過言ではありません。スポーツアナウンサーの始まりは、まだ若く知識も技術もなく、「うまく喋れない。下手くそ! じゃあどうする?」という葛藤からでした。「執拗なる努力家」の回答は歩いて喋ることだったのです。

歩きました。歩き続けて喋り、練習したのです。これは今でも続けています。でも、意外にも通行人は気づかないものです。会社の不満をぶつぶつ喋り、鬱憤《うっぷん》を晴らしている人がいると思われたかもしれませんが。

「足で喋り、足で書く」は、マスコミの世界に籍を置く者や、夜討ち朝駆けの言葉があるように自分で積極的に取材し喋る、書くことのたとえでもあるのですが、私の場合はより現実的で本当に足で歩いての取材なのです。少々恥ずかしいことに、私は車の運転免許を持っていません。正確に言うならば、免許取得挑戦半ばで2回も挫折してしまいました。その理由は私の性格にあったとだけ記させていただき、あとはご想像にお任せします。

自分の足で取材し自分で喋る。それが岐阜放送のラジオでできる。再びアナウンサー魂に火が付きました。これまでは取材で岐阜と名古屋を往復するだけで、岐阜についての知識は皆無に近いものでした。ましてや、2回目の清流国体が2012年(平成24年)にあることなどまるで知りませんでした。

まさに杉山社長の鶴の一声。1週間後にはその後のアナウンサー人生の心の支えになってくれた野尻純司ディレクターと番組の打ち合わせが始まり、トントン拍子に2005年(平成17年)4月、私にとっては初めてのラジオ番組「スポーツ・オブ・ドリーム」が始まることになりました。

実はこの「スポーツ・オブ・ドリーム」という番組のタイトルは、1990年(平成2年)に日本で公開された映画「フィールド・オブ・ドリームス」から頂きました。アカデミー賞受賞作でご存じの方も多いことでしょうが、ケビン・コスナー演じるアメリカ・アイオワ州の農夫が、「それを造れば彼が来る」という神の啓示を受け、たった一人でトウモロコシ畑を切り開き野球場を造ってしまうという物語です。するとそこに、あのブラックソックス事件で有名なシューレス・ジョー・ジャクソンをはじめ有名なメジャーリーガーたちが次々に現れるという夢とも現実とも付かない映画でしたが、私自身、妙に感動した映画です。神の啓示ともいうべき、「岐阜の地域密着のラジオ番組を作りなさい」。かくして私の番組名は、「スポーツ・オブ・ドリーム」となりました。

以来十数年、清流国体が終わっても図々しく番組に居座り、今なお歩き続け喋り続けています。自分らしく地味にコツコツと歩き取材し、自分の言葉で喋る。これこそ本来のアナウンサーであるという思いは確信に変わりました。やっと分相応の仕事をしていると実感しています。

あまりにも前置きが長くなりましたが、歩き、そして喋る分相応の、いや自分にピッタリ合った番組を続けている今、さらには紛れもなく終焉が近くなりつつある今、遺書とは言いませんが、最後の分不相応の行為として本を書く……。そう決意しました。

第1章 「吉村節」全開の歴史的名場面

1 「郭はもう泣いています！」 中日ドラゴンズ優勝放送

中日ドラゴンズの長い歴史を振り返ると、そこには栄光の瞬間あり、苦難のときあり。それに連なるように私の放送の歴史があったような気がします。

ドラゴンズ優勝の瞬間には、何回か立ち会うことができました。あの興奮、やがて来る感動の瞬間。それは忘れることができない宝物になりました。優勝のそのとき、その瞬間を放送できたならば、まさにアナウンス冥利に尽きます。これには結構ツキがいるのです。

まず、優勝のその日のゲームが名古屋であるなら私どもの局（東海テレビ）かCBC。当時は曜日によって決まっていましたので、これはもう運命。名古屋以外の球場でもどこのテレビ局が権利を持っているかが決め手になります。名古屋以外のゲームでも、系列のテレビ局が権利を持っており権利を譲ってくれるなら、これはラッキーです。

最大の問題は、たとえ自分の局が権利を持てたとしても、アナウンサーとして自分がその担当になれるかどうかに尽きますね。また、中継できたとしてもドラゴンズが負けては何とも盛り上がりません。こんな条件をクリアして、なお最高のパターンは名古屋で勝利して優勝を決める。これでしょう！

扉写真：1964年8月18日、「プロ野球ニュース」に出演したときの記念ボール。ボールの後ろには擦り切れて見えなくなった中山俊丈投手のサインが書かれていた

こんなチャンスが巡ってくることなど、なかなかないものです。私は、実力はともかくツキのあるアナウンサーでした。

中日新聞社刊行の『中日ドラゴンズ80年史』は様々な感動を思い起こさせてくれます。実にいろいろな「その瞬間」があるのです。

１９５４年（昭和29年）、球団創設19年目の優勝の「その瞬間」は、巨人との最終戦に臨むため、列車で上京中に巨人が阪神に負け、車中に電報が届いて中日優勝決定を知ったと言います。電報ですよ。当時の世相がよくわかります。

怒られるのを覚悟で書きますが、１９５４年（昭和29年）から１９５８年（昭和33年）は、東京の「あるチーム」の野球ファンであった私にとって、まさに暗黒時代と言ってもよいでしょう。

当時の思いは、「阪神はどこか弱々しく、このチームに負けることはないだろう。しかし中日はとてつもなく強い。杉下、西沢、杉山、児玉は鬼のような人間だ。このチームにはどうやっても勝てない」でした。後に、杉下さん、西沢さん、杉山さん、児玉さんにはそれぞれ大変お世話になるなど夢にも思っていませんでした。

１９５４年（昭和29年）、１９５５年（昭和30年）は「杉下悪夢時代」。そして、中学から高校に入る頃、１９５６年（昭和31年）から１９５８年（昭和33年）にかけては「西鉄悪夢時代」。いや「恐怖時代」を迎えます。

「3年連続日本一の時代」の西鉄は、豊田、中西、大下、高倉、関口に加えて神様、仏様、稲尾様で知られる稲尾和久を擁し、おそらく日本の野球史上最強のチームだったと思います。私はその頃は寝ても覚めても「東京のあるチーム」が気になり、まさに生活の中心と言ってもいいほどでした。

高校生になった私は授業中、先生の話などそっちのけで携帯ラジオにかじりつき、その不《ぶ》様《ざま》さにもう切歯扼腕《せっしやくわん》状態。終いにはノートを机に叩き付け、先生やクラスメートに睨み付けられたのを覚えています。いまだにクラスメートからは、「授業中に野球放送のラジオを聞いていた奴はお前くらいだった」と揶揄されます。ここまでは異常なくらい「東京のあるチーム」のファンでしたが、大学に行ってからは、その熱が次第に覚めていきました。少し大人になったんでしょうね、きっと。

1974年(昭和49年)の中日の優勝は、中日球場で大洋とのダブルヘッダーの試合。私やスタッフはその前日までの神宮決戦に疲れ果てて当日の放送に臨んでいました。マジックは2。つまり、1つ負ければまだ優勝決定はない状況にもかかわらず、極めて落ち着いた精神状態でした。体力的には限界、「どうにでもなれ」の心境だったといったほうが表現としては正しいかもしれません。しかし開き直りながらも、絶対に優勝できるという理屈なしの確信がありました。今考えてみれば、確信というより願望だったのでしょう。

10月12日、実は私の放送は第一試合。第二試合は確かNHKで、したがって優勝決定の生放送ではなく私はビデオでの優勝中継でした。それでも優勝実況の一つであったと常に言い続けています。少し図々しいですか？

その瞬間のアナウンスは、「星野投げた。打ったショート。いやサードライナー。島谷捕った！　試合終了！　ドラゴンズ20年ぶりの優勝です！」

いまだにその守備間違いは訂正されることなく局に残っているそうです。

後はファンがグラウンドに殺到して、選手と入り乱れて大混乱。その有様をすでに抜け殻状態で放送席から見ていた自分の心の中は、「ああ、やっと闘いは終わった」というもの。初めての経験だけに、精神的にも肉体的にも限界を超え、私の記憶はそこまででした。

１９８２年（昭和57年）の優勝は、江川８連続三振の項でお話しさせていただきますが、「その瞬間」は横浜球場でした。ネット裏で録音機器「デンスケ」（私の記憶が確かなら）を持ち、ラジオ調で実況したのを覚えていますが、それがどこで使われたのか、まだ残っているのかは全くわかりません。おそらくお蔵入りになったような気がします。

そして、昭和が終わる前年の１９８８年（昭和63年）、星野監督第一次指揮下、６年ぶり優勝の「その瞬間」が、「郭はもう泣いています！」の私の放送になりました。この年は、やがてドラゴンズを支える立浪和義のデビューの年でした。

序盤の苦しみから優勝などとても無理と思われたシーズンでしたが、後半は凄まじい奇跡の快進撃での逆転優勝。サヨナラ勝利11回、1点差ゲーム34勝がそれを表しています。と同時に、抑えが頑張らなければこの数字は出てきません。

守護神、郭源治はなんと37セーブ、44セーブポイント。MVPは当然でした。10月7日、ナゴヤ球場、対ヤクルト戦が「その瞬間」でした。11－3でドラゴンズのワンサイドゲーム。後はそのときが来るのを待つだけでした。

9回、郭登場。これはもう星野監督のご褒美。有終の美はこの年大活躍の郭源治で飾らせてあげようという配慮からの投入でした。

郭源治は1987年（昭和62年）に星野監督が誕生するや、今までの先発から抑えに配置転換。ドラゴンズの歴史上最高のストッパーとして何の不思議もなく受け入れられたと思われていますが、当時は結構疑問視されていた覚えがあります。郭は精神的に弱いと一部では見られていたのです。豪快な投球フォームとは裏腹に、受け答えが神経過敏だと我々も少々感じていたところではありました。

ちょっとした冗談にも、「吉村さん、それは駄目です。駄目ね」と真面目な表情で言われたこともありました。しかし星野監督の目に狂いはなく、監督をして「俺の最高傑作」と言わしめるほどの変身ぶりでした。抑えに向いていたのです。間違いなく、郭あっての優勝でした。

9回ヤクルト2アウト。ドラゴンズ11－3とリード。点差が開いているだけに優勝は間違いありません。ベンチの選手は星野監督をはじめ、全員が立ち上がりもう余裕の表情です。全員が笑顔。

ベンチを飛び出す準備は整っていました。そう、胴上げです。このとき私も、やがて間違いなく訪れるその瞬間をどんな表現で、どんな感情移入で喋ろうか計算できるほど余裕綽綽《しゃくしゃく》、頭の中も次に起こるべきすべてを把握しているがごとく冷静でした。しかしアナウンサーにとって、こういう状態はしばしば失敗に繋がることもあります。中継アナウンサーにとって、次に来るべき光景を予期したり、コメントをあらかじめ用意したりするのは厳禁……とこれは私の信条でした。

1972年（昭和47年）の札幌オリンピック、これが私の放送の原点でした。スキージャンプの70メートル級、第一次の日の丸飛行隊、笠谷、金野、青地の金・銀・銅独占という忘れもしない歓喜のその場面。笠谷幸生の最後のジャンプ、実況の北出清五郎ＮＨＫアナの実況コメントは次のようであったと記憶しています。

「さあ、笠谷……飛んだ……決まった!!」

これに尽きます。これほど明快でシンプル、なおかつすべての心情を表現した実況はないと思うのです。これが私のバイブルです。


ドラゴンズに話を戻します。次のシーンは想像できませんでした。

9回2アウト、バッターはヤクルト秦真司です。なんとそのとき、郭がマウンドで泣いているのです。これは予想外の出来事でした。私はチョットうろたえました。今までの経験上、アナウンサーは自分の意に反したことが起きると意外と我を取り戻し、慌てながらもそのときの情景を実況するものです。ゲームに集中します。しかし幸か不幸か、私は次に用意したコメントを忘れてしまったのです。

吉村「バッターは秦。その時が近づいてきました。マウンド上の郭はもう泣いています!ベンチの星野監督は笑っています」

全く何でもない一言が、まるで普通の表現が、時として一人歩きすることがあります。このときの優勝と、「郭はもう泣いています!」のシンプルな表現がシンクロしたんでしょう。アナウンサー冥利に尽きた「その瞬間」でした。

1994年（平成6年）の「10・8」、1996年（平成8年）の「メークドラマ」。ドラゴンズは苦難の歴史を経て、1999年（平成11年）9月30日、第二次星野監督指揮下で11年ぶりの歓喜の舞台を迎えることになります。神宮球場のヤクルト戦でした。

神宮のヤクルト戦となれば、同系列のフジテレビの権利。運良く私が放送することになりました。実はその前日、これは関係者の中で私だけしか記憶していないのですが、次の日の天気予報は東京だけがなぜか傘のマークでした。当時のスタッフは、「そんなことはなかった」と言うのですが、夢だったんでしょうか。眠れない夜、天気を気にして飛び起きた朝、曇り空ながら雨の気配はなくホッと一息。

この年の最大のドラマは、9月26日の阪神戦。山﨑武司の万歳逆転3ランでしょう。これはCBCの放送。鳥肌が立つような逆転劇に、優勝を確信させてくれたホームランでした。

9月30日のヤクルト戦の試合途中、横浜が巨人に敗れドラゴンズの優勝が決まってしまいました。チョットがっかりでしたが、これもまた運命。ドラゴンズ勝利を胴上げまで放送させてもらいました。私にとってこれが現役最後の優勝実況でした。

ドラゴンズは意外と、ナゴヤドームで勝利しての優勝はないのです。

2004年（平成16年）10月1日、ナゴヤドーム。中日は広島に敗れるもマジック対象のヤクルトが巨人に敗れ優勝決定。

２００６年（平成18年）の優勝は東京ドーム。対巨人戦でした。

２００７年（平成19年）、ドラゴンズは53年ぶりの日本一になります。リーグ戦は２位、後半に調子を上げクライマックスシリーズを制し、日本シリーズは日本ハムに勝っての日本一でした。

２０１０年（平成22年）、この頃はもっぱらテレビ観戦でした。10月１日、試合のなかった日に阪神が広島に敗れたことで４年ぶりの優勝。

２０１１年（平成23年）、球団史上初の連覇は横浜スタジアム。引き分けでの優勝。

意外とチャンスは少ないのです。

ドラゴンズの優勝の歴史を振り返ると、私には少しツキがあったようです。ただ残念なことに、日本シリーズは東海テレビで５試合放送しているのですが、告白すると実はドラゴンズは１勝もしていません。

「野球放送の名アナウンサーなんてほんのわずかしかいない。ツキに恵まれるかどうかがアナウンサーの勝負どころ」

この頃、先輩アナウンサーの言葉をしみじみかみしめています。一体どうやればツキを持ってこられるのか。そんなことがわかるわけはないのです。

でも一つだけわかることが……。努力しない奴に、ツキは来ないのです。これは確かです。

この項は、２０１７年（平成29年）テレビ中継でメジャーリーグのワールドシリーズをほぼ音だけで楽しみながら書いています。

シカゴ・カブスがクリーブランド・インディアンスをリード。優勝すれば１０８年ぶりとか。メジャーの歴史は長いと感慨に浸る間もなく、テレビからはアナウンサーの絶叫が。カブスの抑えの切り札チャップマンがデービスに2ランを打たれて、なんと同点にされたと言っているではありませんか。あの「山羊の呪い」はやはり生きているのか、海の向こうのこととはいえ、一瞬背筋に冷たいものを感じました。

手を休めて2ランのＶＴＲを見ると、あんな球威のある低めのチャップマンのストレートをレフトスタンドに放り込むなんて信じられない。これは間違いなく「呪い」のなせる業。何の関係もない私が感じるくらいですから、シカゴ・カブスのファンは、こんな冗談のような「呪い」でも笑っては済まされないでしょうね、きっと。

実に面白いワールドシリーズでしたが、最後はカブスが延長10回８－７で勝利。

１０８年ぶりの優勝、そして「山羊の呪い」の呪縛から解放された瞬間でもありました。メジャーには長い歴史があり、ちょっとした冗談や出来事が伝説になってしまうのです。大体、山羊を連れて野球観戦など今の日本では考えられませんし、入場を断られるのがオチです。でもこれも野球を心底楽しみ、ユーモアを解する国民性あっての国だからこそ、こんな伝説が生まれるのでしょう。

２０１６年（平成28年）の日本シリーズも面白かったです。私の見たところ、日本ハムの勝因は、中継ぎ陣にあったような気がします。宮西、谷元、鍵谷、石井、あるときは先発のメンドーサ、バースもリリーフ。これだけクオリティーの高い中継ぎがいれば采配も楽です。

時々、谷元圭介のことを思い出します。今からもう十数年前、愛知大学野球をケーブルテレビで放送していた頃、中部大学のエースが谷元投手でした。緩急をつけた球で相手を打ち取るうまいピッチャーという印象。身長１６７センチ。「小さな大投手」が、私が放送の中で付けたあだ名です。その後、社会人野球で活躍したもののまさかプロ野球に行くとは思っていませんでしたし、この数シーズンの活躍にはびっくり。「小さな大投手」の今の活躍を拍手喝采で応援しています。

日本シリーズも終わり、これでメジャーも閉幕となると野球観戦の楽しみがなくなりいよいよ冬を迎え、また一つ齢を重ねることになります。最近なんだか寂しいです。

2 「こんな試合は今まで見たことない！」 落合博満逆転サヨナラ3ラン

1989年（平成元年）8月12日、ナゴヤ球場。巨人－中日戦。

ノーヒットノーラン達成寸前の巨人、斎藤雅樹をとらえた落合の逆転サヨナラ3ラン。この試合も忘れられない放送の一つです。

この放送で発した私の最後のコメント「こんな試合は今まで見たことない！」

たいしたコメントでもなく、思わず出たこのフレーズが、いつの間にか私の代名詞のように言われているのは、大いに照れくさい。しかもある方に、「吉村さん、いつもこのコメントを使ってる」と言われることもありますが、そんなつもりは全くなく、使った覚えもあまりありません。でも、どこかで思わず喋っているんでしょうね。これは反省しなければいけません。

この落合のサヨナラ3ラン。斎藤投手はノーヒットノーラン達成寸前でしたから、野球の筋書きとしては最高。思わず喜んで口走ってしまったのでしょうね。実はこのフレーズを使った理由がもう一つあるのです。ひょっとしたら、こちらの事情のほうが、「こんな試合見たことない」を喋った要因かもしれません。

野球の花はホームラン。それがサヨナラであるとか、満塁ホームランであれば格別です。いや、いろんな劇的なホームランを見てきました。もちろんドラゴンズの試合ばかりではありませんが、ドラゴンズだけに限っても書き切れるものではありません。次のこの３本は思い出のホームランです。

１本目は、１９９９年(平成11年)の優勝を決めた山﨑武司のサヨナラ３ラン。衝撃的でした。あの山﨑の万歳とともに忘れることのできないホームランでした。

２本目は、１９７７年(昭和52年)、あの怪人ウィーリー・デービスがナゴヤ球場の巨人戦で打ったランニング満塁ホームラン。今でもついこの間のことのように思い出されます。日本に来た外国人選手の中でも「超」がつく大物。何しろメジャー17年間で２５４７安打、３９７盗塁。来日したときは37歳でしたが、その足も打力も健在、さらにメジャー時代から有名な奇人ぶりは、おそらくその当時のドラ番の記者は、皆１回は経験していると思います。別に経験したくはないのですが、これは防ぎようがありませんでした。大きな声でお経を唱えるのはまだしも、今より女性記者が少なかった時代だから良かったものの、何も着けずに裸で文字通りブラブラされたときは目を覆いましたね。

しかし、５月14日、ナゴヤ球場での巨人－中日戦は凄かったですよ。中日リードの７回満塁のチャンス。巨人の投手は西本。バッターはデービス。打った、ホームランか。いや弾道が低い。ライトフェンス直撃だ。球が跳ね返って点々。センターの柴田が追いかける。デービスはまるで風のごとく宙を飛ぶ。すでに二塁から三塁へ。塁間9歩という大きなストライド。三塁を回ってホームへ球が戻ってきません。巨人のキャッチャー矢沢はもう諦めて立ったままです。

60歩13秒のランニング満塁ホームランです。その年、後半の故障さえなければ、もう少しプレーを楽しませてくれたに違いありませんが、怪物の中日在籍はこの1年だけでした。

あれから何年も経ち２０１３年（平成25年）、デービス死去のニュースが新聞の片隅に載りました。晩年は金に困りあちこちに金策に歩いていたとか。69歳の死はあの豪快な怪人のイメージとはあまりにも対照的で悲しかったです。

さて、3本目はこれより先、１９６６年（昭和41年）の広野功のサヨナラ満塁ホームランです。私が担当した放送で、実はこの放送が私にとっての大きなトラウマになっているのです。実は、そのホームランの瞬間はお伝えできなかったのです。つまり放送時間切れの後、そのホームランが飛び出したのです。それもあと5分あれば放送することができたのに。こんなに悔しいことはありません。

地上波の放送は、特別の試合でなければ、たとえばオールスターとか日本シリーズ、あるいはこの試合で優勝が決まるとかの場合は特別編成で試合終了まで放送するのですが、シーズン中の試合は、たとえ巨人戦でも終了時間は決まっており、視聴者（野球ファン）にとって大きな不満の一つになっていました。放送終了間際によく謝ったものです。

「誠に申しわけありませんが、放送時間、間もなく終了です」

そしてもう1回。

「本当にすみません。この結果については、後ほどのニュースでお伝えします。ご了解願います」

喋りながらも、誰が了解するものかと思ったものです。

最近は見る側になり、BS、CSでは試合終了まで放送するため、本当に助かっています。

1966年（昭和41年）8月2日の巨人戦。この試合は接戦でした。3－5と中日劣勢も9回裏、中日満塁のチャンスに、巨人のエース堀内恒夫が登板。最高に盛り上がったところで時間切れ、放送終了です。「誠に申しわけありませんが……」

申しわけないもあったもんじゃない、最悪の終わり方。視聴者の怒りは爆発!? 東海テレビ本社の電話は視聴者からの苦情で鳴りっぱなしだったことでしょう。実況の私もどこに怒りをぶつけてよいのかわからず、ただいらつくばかり。

しかし、そのいらつきはほんの5分で諦めに変わりました。慶応から入った強打の新人・

広野功がなんとセンターバックスクリーン横に目の覚めるような弾丸ライナーの逆転満塁サヨナラホームランを叩き込んだのです。球場は歓喜の大歓声に包まれました。私は唯々茫然。頭に上った血があっという間に引いていくのがわかりました。これは諦めです。そしてやけ酒の量が今晩は一段と多めになりそうだと思ったものでした。

これが二十数年前の「トラウマ」です。1989年（平成元年）この年のドラゴンズは、前年の優勝から優勝候補の筆頭に挙げられていたのですが、序盤から不調。後半は巨人から移ってきた西本聖が孤軍奮闘するも、巨人の背中は遠のくばかりでした。

8月12日、巨人－中日20回戦。その西本と、当時全盛、2年連続20勝、11連続完投勝利、「ミスター完投」の異名を持つ斎藤雅樹との見応えある投手戦で進みました。特に斎藤は危なげない投球で中日打線を完封。負けじと西本好投も8回に捕まり1失点。9回にはほぼ駄目押しのクロマティ、原の連続ホームランで巨人3－0とリード。

気がつけば、斎藤は8回までノーヒットノーラン。私の後ろのスタッフが慌ただしく記録を調べ始めました。実はこれにもジンクスがあり、「記録を調べ始めるとその記録はストップする」というものでしたが、8回までのほぼ完璧な斎藤のピッチングに、ひょっとするとこれは、「ノーヒットノーランの放送ができるかもしれないぞ」と胸の高まりを覚えたのでした。

投手の究極のピッチング。完全試合やノーヒットノーランを見たことはたくさんあるのですが、放送のチャンスはありませんでした（実は1試合だけあるのですが、これは後ほど）。

スタンドもそのことに気づき異様な興奮に包まれる中、9回裏ドラゴンズの攻撃。注目は斎藤がノーヒットノーランを達成できるかに集まっていました。ふと前のストップウォッチを見ると、嬉しいことに時間はたっぷりありました。これは斎藤の記録達成で、斎藤のインタビューを入れて完璧放送ができるなと思った瞬間、ゲームはとんでもない方向に進んでいったのです。

9回斎藤に対して、中日は中村武志が三振、あっという間に1アウト。次のバッターは左の音重鎮。斎藤の失投を見逃さずライト前ヒット。「ああすべて終わったな」と思いました。別に音選手を恨むわけではありませんでしたが、これで斎藤完投の普通のゲーム展開になっちゃったなと、少々がっかりした記憶があります。

ところが、思いも寄らないドラマが待っていたのです。

彦野利勝をセカンドフライに打ち取って2アウト。斎藤は完封勝利目前でしたが、川又四球で、おやおや斎藤が少し動揺しているのかなと思う間もなく、しぶとい仁村徹がライト前にタイムリーヒットを放ち2点差。

試合は違う方向に進み始めたのでした。

そして、バッターボックスには落合博満が入ります。何かが起こりそうな雰囲気十分でした。再びストップウォッチに目をやると、何ということでしょう！　放送時間が後わずかしかないじゃありませんか！

ここであの二十数年前の「トラウマ」、巨人戦の記憶がよみがえってきたのです。これはまた時間切れの悪夢か。やけ酒の二日酔いの感覚がもう体に忍び込んできていました。

初球ボール。2球目。落合のバットから弾き出されたボールは、センターへ一直線……。放送時間は後わずか。神様！

「落合打った！　センターへ！　大きいぞ！　どうだ！　入るか？　入った！　ホームラン！　サヨナラ、サヨナラ！　奇跡の逆転サヨナラ3ランです！　こんなことがあるのか！　斎藤茫然、斎藤茫然！　マウンド上」

ここで時計を見る。もう放送時間がないが悪夢退散だと思わず、「こんな試合は今まで見たことない！」と叫んで、放送終了したのです。つまり、試合内容の素晴らしさを感じての実況だったのは間違いなく、心の底から思わず出たコメントではあったのですが、我が心の中での「時計との闘い」「広野の呪い」(失礼)から放たれたときでもあったのです。

「こんな試合は今まで見たことない！」は複雑な心の底からの声でした。

3 「10・8決戦」プロローグ

1994年(平成6年)10月8日のナゴヤ球場、巨人－中日戦。公式戦130試合目の両チームの最終戦。ここまでともに、69勝60敗と全くの同率。この最終戦に勝ったチームが優勝という史上初めての大一番。長嶋茂雄監督をして「国民的行事」と言わしめ、そのテレビ中継の視聴率は48・8%と日本中を興奮の坩堝《るつぼ》に巻き込み、日本の野球史に「10・8決戦」としてその名を残すことになります。

偶然にもこの試合のテレビ中継を担当するという大変な幸運に巡り合ったのが私でした。10月8日がそんな状況になったこと、東海テレビが中継局になったこと、その担当アナがたまたま私になったこと。すべてが幸運というか、ツキ以外のなにものでもなく、昔、先輩アナウンサーに、「放送はツキなんだよ」という言葉を言われたことを身に染みて感じた試合でもありましたが、私にとっては結構波乱万丈の物語でもあったのです。

1994年(平成6年)のセントラルリーグは、実に異様な展開をみせます。7月中旬には、巨人が2位に10・5差をつけ、誰しもが巨人独走を疑っていませんでした。投手は桑田、槙原、斎藤の三本柱に、この年、FAで巨人に移った落合もそこそこ打ち、「巨人の優勝はもう決定。秋になったらすぐ胴上げだ」と、他チームのファンの嘆き節が聞こえるほどでした。ドラゴンズでも髙木監督が辞意を表明、来年の監督は「星野」ともはや公然の事実のごとく報道され、中日ファンのテンションは下がるばかりでした。

しかし、ペナントレースはそこから動き始めました。巨人の失速です。8月末から9月にかけての1カ月間、何と巨人は4勝15敗。打線は振るわず、三本柱も揃って打ち込まれる日が続く中、中日は髙木辞意に選手が発奮、9月は9連勝と一気に巨人に迫りました。巨人と中日の一進一退の攻防は、ついに巨人わずか1ゲームリードの9月末、ナゴヤ球場の直接対決2連戦で最大のヤマ場を迎えることになったのです。

昇り竜中日。どん底巨人との対決は、中日有利の予想が圧倒的でした。その昔から、大事な戦いはそれぞれの力だけでなく、天候など、天と地すべての状況に左右されることが多く、元寇の戦いに遡るほど大袈裟な話ではありませんが、実はこの9月27日、28日の天王山2連戦の前から、台風襲来という嫌な予報が出ていたのです。

案の定、27日の試合は雨のため中止。この日の担当は東海テレビ。実況アナは私でした。担当の日が雨で中止になるくらい落ち込むことはありません。しかも年に数回の巨人戦での全国中継です。そこまで一生懸命、資料を整理し、「さーやるぞ」というときの中止は精神的に堪《こた》えました。だいたいその日に担当するアナウンサーは、1週間前から週間天気予報が気になり始めます。そして当日は、朝起きるとまず空模様の確認です。雨のときは食欲がなくなります。曇っているときは、一時間ごとに空を見上げます。

夏の雷雨は、アナウンサー殺しです。午後3時ごろまではかんかん照りでも夕方の試合開始直前から雲行きがあやしくなり、やがて激しい雷雨。グラウンドはあっという間に水浸し。試合は即刻中止。やがて傷ついた心を抱いて帰る頃、見上げれば満天の星が。あとはやけ酒でしたね。その癖は、ナゴヤドームに移ってからも直らず、朝起きてまず空を見ます。「ああー、そうか。ドーム球場なんだ」と気づいて苦笑いです。

ナゴヤドーム元年の1997年（平成9年）は、まだ雨の話題には事欠きませんでした。大雨の日、まさかの室内雨漏りで一部のお客さんは傘をさしての観戦、また7月26日の中日VS巨人戦は台風襲来、交通事情もあって中止になりました。その日は全国デビューのはずの森脇敦アナ。その落胆ぶりは見ているほうが辛かったです。しかしドームでの「雨天中止」は何ともツキのない奴と思わざるを得ませんでしたが、今では立派な東海テレビのエースアナウンサーに成長しています。

話が逸れてすみません。さて、27日の雨で中止となった試合は29日に組み込まれましたが、台風26号はさらに大きくなって東海地方に接近していました。胸の内は、期待と不安の入り交じった状態でした。しかし28日は試合ができたのです。ＣＢＣの放送で、好ゲームでした。初回、桑田から立浪がホームラン。この１点を29日先発予定の今中を最後に投入し、逃げ切ります。髙木監督の作戦は明らかです。翌29日の試合は、台風で中止と判断していたのです。この勝利で、中日は初めて同率ながら首位に立ちました。

29日は予想通り台風で中止に。もちろん担当は私です。このなんともやるせない気持ち、わかっていただけますか!? 翌日、この中日と巨人の追加日程は、なんと公式戦最終１３０試合目の10月８日と発表されたのです。私はいよいよ諦めました！

10月８日の最終戦まで、両チームとも残り５試合。そこまでにはおそらく決着がついているでしょう。私も東海テレビもフジテレビもそう判断しました。10月８日の最終戦のテレビ中継は、おそらく消化試合のビデオ中継になるだろうと考えていたのです。私にとっては最悪のシナリオでしたが、巨人の長嶋監督にとっては、天の恵みだったのかもしれません。もし予定通り試合が２試合とも行われていたら、勢いから中日有利に傾いていただろうというのが多くの識者の見解だったからです。

実はその頃、私たち東海テレビにとっては秋の一大イベント、ゴルフの「東海クラシック」が近づいていました。10月６日から９日までの４日間。私の担当は決勝ラウンドの８日と９日です。諦めました！　なんという１年だ！と天を怨みましたね。決してゴルフの放送が嫌なわけではありません。この一生に一度あるかないかのプロ野球の大一番の試合を、ひょっとしたら目の前で見られないかもしれないと思ったからなのですが、この年の野球の神様は、よほどの野球好きだったのでしょう。

その後、巨人3連勝、中日2勝1敗。わずか1ゲーム巨人リードで迎えた10月6日。この日で決着かとも思われたのですが、中日はこの日、阪神に快勝。また、巨人はヤクルトに惨敗。ついに69勝60敗の同率で再び並びました。この結果、雨で巡り巡った10月8日、巨人と中日はナゴヤ球場130試合目の最終戦が、なんと決戦の大一番になったのです。どんな優れた作家であっても書けないような奇跡のシナリオに野球の神様は笑っていたでしょうね。すべては時の運。天を恕むなどとんでもないことでした。

10月6日は、ゴルフ「東海クラシック」の初日。私は舞台となる三好カントリー倶楽部で取材です。中日と巨人が同率首位というニュースはゴルフの取材中に知りました。帰りの車の中は皆、無言です。「どうなるんだろう!?」「ゴルフの中継を終えて、球場に手助けに行くのかな」と漠然と思っていました。帰って一息入れていると、当時の橋本洋スポーツ局長（今はゴルフ仲間）の角部屋に呼ばれました。

「ヨッチャン、10月8日の野球中継頼むよ。ゴルフ中継は後輩にやってもらうから。ただし9日の決勝は、ご苦労だけどゴルフ中継頼むよ！」

繰り返しますが、天を怨むなんてもってのほか！　２回味わった苦しい胸のつかえが、すーっと取れていくのがわかりました。

10月８日の午前中は三好カントリー倶楽部にいました。曇り空のような天候だったと思います。取材は手につきませんでした。12時、ゴルフの担当を代わってもらった後輩の植木圭一アナの言葉「行ってらっしゃい。頑張ってください」に送られ、車に乗り込みました（その後、植木アナは１９９６年（平成８年）のいわゆる「10・６決戦、長嶋監督のメークドラマの完結編」を担当することになり、全く逆の展開で今度は私がゴルフ場から植木アナにエールを送ることになります）。

ところで、私は６日からほぼ２日間眠っていません。車中のほど良い暖かさに睡魔が襲ってきました。「いろんなことがあったな、今年は……」。

４「10・８決戦」運命の始まり

１９９４年（平成６年）10月８日、巨人－中日戦。両チーム全くの同率で迎えた最終戦で勝ったほうが優勝する「10・８決戦」。その試合開始の時刻が近づいてきました。

当日はゴルフの取材を終え、球場に着いたのは午後２時前だったと記憶しています。完全に遅刻でした。すでに球場の外も中も異様な盛り上がりで、すぐにでも試合が始まりそうな雰囲気が漂っていました。この試合のために徹夜組が７００人。異例中の異例の出来事に、なんと午前中に開門、すでにスタンドには大勢のファンが詰めかけていたのです。異例中の異例の出来事に、

グラウンドの中も、取材陣で溢れていました。まさに人混みをかき分けるように、まず我がスタッフたちを探し、仕事始めの挨拶。何だか全員の顔付きがいつもと違い、大袈裟でもなく目は血走り、緊張感に溢れ、会話もなく「アイコンタクト」のみ。他局のスタッフも私を無視して右往左往。見たこともないスタッフが忙しく駆け回るその重苦しい雰囲気に、こりゃ少し立ち遅れたかなと焦りました。この時間こそ、まさに放送では一番大事な事前取材の時間だったからです。ドラゴンズのバッティング練習はもう始まっていました。

すると、一塁側ベンチの横、カメラ席の前に人だかりができています。覗いて見ると、フェンスに腰かけた髙木守道監督がいました。私の焦りの気持ちとは対照的な髙木監督のリラックスした表情に、何だか妙な違和感を覚えました。

髙木監督は、「いやあ、うちが追いついたというより、相手がこけてきた感じですよ」と穏やかなコメント。報道陣も納得してうなずく。そう、「やり尽くした感」というか、「ここまでやれば十分」といった思いが、髙木監督だけでなく、ドラゴンズサイドの我々報道陣の間にも確かに漂っているような気がしました。

髙木守道……。

私が１９６３年（昭和38年）から実際にドラゴンズを取材し、目の当たりにしたドラゴンズの凄い選手たちの中で、ナンバーワンプレーヤーを選ぶとするならば、私は髙木守道選手を挙げます。文句なしに！ 思い出しますね。ベンチの隅で、丹念にスパイクを磨いているあの姿を。「道具を大事にすること」。髙木選手の闘いはもうそこから始まっていたのです。

髙木選手を評して、「いぶし銀のプレーヤー」とよく言われますが、私はそうは思いません。彼ほど〝派手で華麗なプレーヤー〟はいなかったんじゃないでしょうか。

派手なプレーヤーの代表に長嶋茂雄選手がいます。その個々のプレーは確かに華麗で見栄えはしましたが、その守り全体からするならば、髙木選手のほうが派手だったような気がするのです。このニュアンスをご理解いただくのは難しいかもしれませんが……。

髙木守道さんは、２００６年（平成18年）に野球の殿堂入りをします。岐阜放送にも挨拶にいらっしゃったのですが、そのときこんなことをおっしゃっていました。

「私は守っているときは、どんな打球に対しても自分が取ってやろう。格好良く取ってやろうと思ってましたよ。それが自分の守備範囲じゃない打球に対してでも」と。

守道さんのバックトスも何回か見せてもらいました。あの一枝修平選手との二遊間コンビ。

セカンドキャンバス寄りのゴロ、髙木バックハンドで取り一枝にバックトス。併殺プレーのごとく一枝、一塁に送球、間一髪のアウト。まさに芸術的なプレーでしたね。守道さんのグローブは、びっくりするくらい小さいのです。小さくなければバックトスは無理なのです（最近ではこんなプレーを、荒木、井端の〝アライバコンビ〟でも見せてもらいましたね）。

実は、そのバックトスのことではないのです。守道さんが、実際に打球を処理したときの華麗なプレーはもとより、守りをしているときは常に動いているのです。どこにボールが飛んでいこうが、そのバックアップ体勢を怠らないのです。試合中、こんなにも動いている内野手を見たことがありません。守道さんの動きを見ているだけでワクワクしたのは私だけではないと思います。その動きは実に派手なのです。が、それを派手に見せないのが髙木守道というプレーヤーなのです。

私の持論の一つに、強いドラゴンズの陰には、「俊敏な、しかも脇役的な存在でありながら、あるときは主役以上の活躍をする内野手が必ずいた」というもので、その筆頭が髙木守道選手だと思います。

その後、立浪和義がチームを引っ張り、やがて荒木、井端の「アライバ」に引き継がれてました。そして、２０１６年（平成28年）以降のドラゴンズは、髙橋周平選手にかかっているような気がしています。

笑顔でインタビューに応じる高木守道選手。「ドラゴンズナンバーワンプレーヤー」の高木選手を前に緊張気味（1965 年、中日球場）

髙木守道さんが、岐阜県立岐阜商業高校の野球部員だった時代、当時立教大の花形プレーヤーだった長嶋茂雄さんが髙木選手を見て、「この選手は凄い」と言ったのは有名なエピソードですが、何だか長嶋伝説の1頁の中に組み込まれてしまったような気もします。

髙木選手の勝負強いバッティングも、私たちを魅了しました。21年間、2274安打。身長174センチ、体重72キロ、プロ野球選手としては小柄な体で、236本のホームランを打っているのです。初打席初ホームランも有名ですが、やはり1974年（昭和49年）、ドラゴンズ20年ぶりの優勝。巨人の10連覇を阻止した、あの年の6月28日の阪神戦。古沢投手から打ったサヨナラ3ランが忘れられません。あれからなのです、ドラゴンズが波に乗ったのは。そのときの私の表現は、「白馬にまたがって、鞍馬天狗がやって来た！」のお粗末!!なコメントでした（これは放送ではなく、確か中日新聞の優勝特別号の原稿だったような気がします）。

この年、巨人10連覇ならず。川上哲治監督、長嶋茂雄選手引退。野球史に残る節目の1ページになりました。髙木守道監督としては、途中交代も含めて7年監督を経験、1回最下位を経験しましたが、2位が3回あります。立派なもんじゃありませんか。

名将とか名監督ってなんでしょうか？　優勝できなかったから名監督じゃない、とは言えないと思います。

西本幸雄監督は、3つの球団で20年間監督を務め、8回のリーグ優勝を果たしましたが、ついに日本一にはなれず、悲劇の名将と呼ばれました。選手を育てることでは、日本一の名将だと言われています。

優勝は戦力だけでなく、天と地と時の運なくしては果たせないもの。髙木監督には、まさに紙一重の時の運がなかったとしか言いようがありません。

名将も名アナウンサーもすべて天と地の定め、時の運に左右されるところの多い職業なのですよ。

髙木監督には何回も取材しましたが、この「10・8決戦」に関しては、「自分の作戦ミスだ」といつもおっしゃいます。評論家の中にも、「長嶋監督は、この「10・8決戦」を特別な試合であるとして、槙原、斎藤、桑田3人のエース全員投入を考えていた。一方、髙木監督はいつも通りの試合として、巨人戦に強い今中投入だけで何とか乗り切る考えであった。これで勝負に差が出た」と言われる方が多かったです。私はちっとも作戦ミスだとは思いません。ナゴヤ球場での対巨人11連勝。圧倒的に巨人に強い。休養十分な今中先発で勝負するのは当然です。敗因は他にあったような気がします。

ほんのちょっと前のことです。BSスカパーからこの「10・8決戦」特番の収録に呼ばれました。当日の先発投手、中日・今中慎二投手、巨人・槙原寛己投手と3人で10・8のビデオを見ながら試合を振り返る番組なのですが、改めて見ると新しい発見がいくつもありました。

今中投手は、「髙木監督は頑固なんです。こうと決めたら、絶対に曲げませんからね。普段通りの野球をやろうとしたんです」。髙木監督にとって、国民的行事なんて言葉は似合いません。長嶋さんだから言えるのです。

午後3時過ぎに巨人が到着しました。長嶋監督は、いつになく緊張しているように見えました。槙原投手は、「宿舎出発前のミーティングで、監督は『勝つ、勝つ、勝つ』と3回言ったのですよ。昔の高校野球を思い出しました。その言葉でテンションは全員最高潮でしたね」。この2人の言葉に、「10・8決戦」の髙木、長嶋両監督の思惑の差が少しあるような気がしました。

時の経過ももどかしく、(10・8決戦は) 午後6時にプレーボールがかかりました。

5 「10・8決戦」試合開始

1994年（平成6年）の「10・8決戦」からもう20年以上が経ちます。その戦いを撮ったビデオやCDはたくさんもらったのですが、埃を被ったままでこれまで見たことがありませんでした。過去を振り返りたくない性分もあり、思い出の書庫に閉じ込めておきたかったという思いもあったのでしょう。

２０１３年（平成25年）、突然かつての取材仲間で元報知新聞社の記者、鷲田康さんの訪問を受けることになりました。「10・８決戦を本にしたい」とのこと。取材でわざわざ岐阜までお越しいただいて、久しぶりの再会に会話も弾んだのですが、申しわけないことに私としては、一生懸命思い出を手繰らざるを得ませんでした。覚えていないことがいっぱいあったのです。

暫くして送られてきた『10・８巨人ＶＳ中日　史上最高の決戦』（鷲田康著／文藝春秋）には、彼の実に緻密な取材のもと、私の知らない裏話も豊富に書かれていました。これにより、当時のことが私の頭の中に生々しくよみがえってきました。

さらに、翌２０１４年（平成26年）の11月、ＢＳスカパーの「スポーツレジェンド」という番組のスタッフから、「10・８決戦を取り上げたい。ゲストは当日の先発投手、槙原寛己さんと今中慎二さん。ぜひ吉村さんに司会をお願いしたい」という電話。恐れ多い話でしたが、鷲田さんの本を読んで、少しその当時のことを思い出していたので、快諾しました。

しかし、ビデオを全編見るのは実に久しぶりのことで、直前まで心配というより、恐怖感でいっぱいでした。ところがです。見るにつれ、段々とのめり込んでいく自分がいたのです。

私のアナウンスのことはともかく、試合は面白く時代を超えて、今、試合が行われているがごとく大興奮。やはり、「10・8」は特別な試合だったことをつくづく実感しました。

試合は午後6時に始まりました。放送開始は同7時から。ただ直前のニュース番組は、ほとんど野球中継でつぶし、ほぼ全編放送したような覚えがあります。

異様な緊張感の中で試合は始まりました。いつもの試合とは景色が違っていました。ネット裏には、すでに優勝を決めていた西武の森繁和コーチをはじめとする西武の大部隊。最前列には、何とあのイチローがホットドッグを頬張りながら、まるで野球少年のように目を輝かせていました。

暑い季節でもないのに、私の心の中は汗だくになっていきました。

試合が始まると同時に、今中さんはこう言いました。

「ナゴヤ球場での対巨人。11連勝していると言われていたのですが、そんな実感全然ないんです。やはり、巨人戦には独特の雰囲気があるんですよ。特にこの試合は、何だか変な気持ち。変な違和感があったんです。1回表、巨人を三者凡退に打ち取るのですが、何だか変に気持ち悪かったです。特に2番の川相さんを三振に仕留めたのですが、あの川相さんが空振りの三振ですよ。そして、自信ありげに私のほうを見たんです。あれっ?と思いましたね。何か変な感じでしたね」

今中投手が違和感を覚えたその裏には、巨人の今中投手への徹底した〝今中攻略法〟があったと鷲田さんは分析します。それが2回の巨人、落合博満の先制ホームランになったというのです。

この話はちょっと置いておいて、中日、髙木監督の投手起用のミスについて、今中に固執、山本、郭を使わなかったのが敗因と分析する識者が多かったと記憶しています。

私は、中日の1回裏の攻撃がすべてのような気がするのです。

槙原投手もこの番組の中で、「調子がいまいちでしたね。1回よくぞ0点に抑えられたと思いますよ」と言っているように、中日1回裏の攻撃は、先頭の清水が右中間2ベース。ノーアウト二塁。続く2番小森。当然バントも、バントの構えからバットを引く。ランナー飛び出しアウト。よく見る光景ですが、これは大きなミス。小森はライト前ヒット。3番立浪はデッドボール。

もしバントミス、ランナーが飛び出さなければ槙原大苦戦になったのは明らか。結局4番大豊がセカンドゴロ。なんとゲッツーで、中日無得点。ここで中日先取点ならば、中日の流れになったような気がします。改めてビデオを見ると、ますますここが分岐点だったと確信しました。

この1回には、もう1つ大きなポイントがありました。小森はバントミスの後、ライト前ヒットで出塁。続く立浪デッドボールと、1死一塁二塁と、槙原はもうぼろぼろ状態。バッターは4番大豊です。落合が去った後、ドラゴンズの打の中心としてこの年二冠を獲得。いわば全盛期を迎えていた大豊登場にドラゴンズファンの期待は高まります。

打った！　痛烈なゴロの打球！　実況の私も、そして誰しもがセンターに抜けると思った瞬間、そこに元木がいたのです。あっという間にダブルプレーが成立。初回ドラゴンズは無得点。

解説の達川光男さんも鈴木孝政さんも、元木のポジショニングの素晴らしさを褒め称えます。しかし私は妙な違和感を覚えていたのです。「なぜ元木はあそこで守っていたの？」です。この年、一本足打法のコツを覚え、絶好調の大豊に対しては、各球団とも内野の守りは大方、大豊シフトを敷いて対抗していたのです。

大豊はどちらかといえば、引っ張り専門のバッター。そこで一、二塁間を極端に狭めるシフトを敷き、頭の上を越されれば仕方がありませんが、少なくともライト前に抜けようかというゴロは防げると考えたのでした。じゃあなぜ、元木はセカンドベース寄りに守っていたの？　違和感はそこから来たものでした。

この試合でセンターを守っていたのは外国人のコトー。これは私が取材したものではありませんが、彼は肩が弱いと定評の選手。センターへ抜ければ失点は間違いなく、そこで「二遊間を狭め、元木はセカンドベース寄りに守ったのだ」との話を聞きました。

野球は奥が深いです。自分が見て、そのまま実況する裏には様々な自分が知らないことがあるのです。いや、むしろそっちのほうが多いのかもしれませんね。確率的には一、二塁間に飛ぶほうが多いと思える状況の中、危険覚悟でセカンドベース寄りに守り、なんとずばり的中で、大豊の強烈な打球はセカンド元木の真正面。ダブルプレー。かくして、ドラゴンズは初回の先制点が取れなかったのです。

そして2回。この年から巨人に移籍した落合博満の先制ホームランが飛び出します。今中投手のストレートをものの見事に右中間スタンドに持って行きます。あまりの鮮やかなストレートに対するタイミング。まるで待っていたかのようなタイミングでした。

巨人の今中包囲網、今中攻略法は徹底していたと言われます。今中投手は言います。「チームメートだった前年から、お前のカーブは凄い、凄いと言われ続けていました。あのストレートは失投。無意識にその言葉が頭にあったんでしょうね。カーブじゃなく、落合さんのストレート狙いは、前の年からの続きだったのですかね」

まさかとは思いますが、両者の頭には交錯する何かがあったんでしょう。この心理戦は面白いです。2点巨人が先行して午後7時。いよいよ本放送が始まりました。

私のイントロはこうです。

「誰かが書いたシナリオでもありません。まさしく筋書きのないドラマです。この番組ではその予測のつかないドラマの完結編を、このチャンネルで皆様に最後までじっくりとご覧いただきます。すでに幕は開いています」

放送が始まり2回の裏、中日の反撃が始まります。しかしここにも大きな落とし穴があったのです。

ドラファン代表でもあるタレントの峰竜太さんは、「もう中日の攻撃しかテレビ見られなかったよ。巨人の攻撃のときは、スイッチオフにしたよ」

この気持ち、わかりますか？

全国の中日・巨人ファン、野球ファンが固唾をのむ大興奮のドラマはまだ序章です。

6 「10・8決戦」ドラゴンズ反撃、まさに死闘

日本人にとって野球は最も「たられば」が言いたくなるスポーツだと言われています。なぜなら、日本人に最も愛されているスポーツの一つだからでしょう。野球場で観戦するファンはもとより、テレビの前の一億総評論家は、アナウンサーや解説者より熱く語ります。

「あそこはスクイズやろ！」

「あそこはピンチヒッターやろ。あいつじゃ駄目だって！」

「どうしてあいつの続投なんや！　変えろや！」

「あそこでカーブはないぞ！　ストレート勝負やろう！」

野球ファンの方なら気持ちがわかるのではないでしょうか。こういうときって、不思議と関西弁になりますね。関西出身じゃないのですけれど。

もう20年以上前のこの「10・8決戦」。改めてそれこそ久しぶりにビデオを見るとどうしても「たらればＪ」の話になってしまいます。

前述のエピソードでも書いたように、初回の「小森のバントが成功したならば」「清水が飛び出さなければ」「大豊の強烈なゴロのとき、元木がいつものポジションにいたならば」

槙原投手自体が、ＢＳスカパーの番組「スポーツレジェンド」の中で述懐しているように、「調子は最低。初回でＫＯされるかと思った」

しかし、すべては結果。中日初回のミスは後々、大きく戦況に影響しましたね。

2回巨人は、落合がホームラン。その後も1点追加。巨人2点先行。

しかし、2回ドラゴンズが反撃。試合は白熱、まさに死闘の様相を呈することになりますが、実はここにも後世の評論家が敗因の一つとして挙げる落とし穴が待っていたのです。

2回裏中日、先頭のパウエル。ライト前へポテンヒットで出塁。

槙原さん曰く、「パウエルは、セカンドの後ろ辺りの土地買ってるんじゃないの？　いつもあの辺にポトンと落とされる」

続く仁村。これも当たりそこないのライト前。さらに彦野。バットを折りながらレフト前。何とノーアウト満塁。

槙原さんは、「全部打ち取った打球。精神的に一番ダメージを受けるヒットでしたね」。巨人のベンチで長嶋監督、堀内ピッチングコーチが慌ただしく動いているのを画面がしっかり捉える。

ナゴヤ球場のドラファンは大騒ぎだ。

そして中村。抜けた三遊間！　2人返ってくる。2－2の同点だ！　場内は大騒ぎ。

私自身は、不思議な感覚に襲われていました。意外と冷静だったのです。テレビの前の巨人ファン、中日ファンはどんな気持ちで見ているのだろうか、いても立ってもいられない状態に違いない。自分は喋る側で良かった。もしテレビの前にいたら、とても冷静ではいられなかっただろう。第三者的な視点で見る自分がとても幸せに思えたのです。

ここで槙原投手降板です。コメントは、「仕方ないですね。しかし、2回は打たれた感じがしなかったんですよ。気分悪かったですね」でした。

2番手のピッチャーは斎藤投手でした。2日前に投げたばかり。疲労が心配されましたが、後にこの斎藤投手の好投が巨人勝利の最大の要因だと言われます。

ノーアウト二塁一塁。バッターは今中さん。当然バント。

今中さんは、ＢＳスカパーの番組「スポーツレジェンド」の中で「私、バントが苦手でした。下手でしたね」

このときの斎藤投手のフィールディングも見事。今中さんのバントをさばくやいなや、三塁へ矢のような送球。二塁ランナー、三塁フォースアウト。１アウトです。これは仕方ない。このバントは一番難しいのです。しかも今中さんでしたからね（失礼）。

問題の落とし穴は、この後に起こったのです。

１番清水は三振。そのとき、二塁ランナーの中村が何気なく塁を離れてしまったのです。何だ！これは！　斎藤セカンドにボールを送り、中村タッチアウト。３アウトチェンジ。

これは理解不能でした。やがてリポートが入り、「中村選手、アウトカウントを間違えて、三振でチェンジと思ってしまったそうです」

２－２の同点ではありましたが、序盤は明らかにドラゴンズ優勢。ここで、また「たられば」の世界に入り込んでしまいます。あの清水の飛び出し、あの中村のアウトカウント間違いのタッチアウトがなかったら槙原ＫＯ。ドラゴンズリード。しかも大量得点差になっていたかもしれません……とドラゴンズファンは思ったでしょう。

これで流れが変わったのは、紛れもない事実でした。

3回、川相がヒットで出塁すると、2年目の松井がなんとバントで送ります。そしてまた落合にやられます。ライトへのポテンタイムリーで3－2。

4回、村田の生涯初めてではないかと思えるライトへのホームラン。さらにはコトーのホームラン。遂に今中降板です。

5回、この年20本のホームラン、いよいよ本格化してきた松井が、これぞホームランと言わんばかりにライトスタンドに高々と打ち込み6－2。勝負は見えてきました。「たられば」は弱者のため息。しかしどうしても「たられば」を言いたくなるのが野球なのです。

この後、ドラゴンズも意地を見せます。両チーム、怪我人が出るほど最後まで息の抜けない史上に残る白熱の好ゲームになったのです。

7 「10・8決戦」思い出の人

◆最終スコア

巨人	021	210	000	6
中日	020	001	000	3

◆先発メンバー

先攻巨人（長嶋茂雄監督）
① ヘンリー・コトー
② 川相昌弘
③ 松井秀喜
④ 落合博満
⑤ 原辰徳
⑥ ダン・グラッデン
⑦ 元木大介
⑧ 村田真一
⑨ 槙原寛己

後攻中日（髙木守道監督）
① 清水雅治
② 小森哲也
③ 立浪和義
④ 大豊泰昭
⑤ アロンゾ・パウエル
⑥ 仁村徹
⑦ 彦野利勝
⑧ 中村武志
⑨ 今中慎二

この試合が、20年以上たった今でも野球ファンの間で語り継がれているのは、史上初の同率決戦であったことはもちろん、そのときのメンバーの豪華さにも起因していると思います。巨人の監督は長嶋茂雄。選手としても監督としても日本の野球界を背負ってきたミスターベースボールです。彼はこの「10・8決戦」を、「国民的行事」と位置づけます。長嶋さん以外、

「国民的行事」とは言えなかったでしょうね。一度は病に倒れるも、不死鳥のごとく立ち直り、国民栄誉賞を受賞するさまは涙ものでした。

③番は、2年目の松井秀喜。その後の野球界を背負い、メジャーではワールドシリーズMVPの大活躍。長嶋監督とともに、国民栄誉賞を受賞したのは2013年（平成25年）のことです。

④番は、三冠王の落合博満。前年、対戦相手の中日からFAで巨人に移ってきたばかり。落合対中日の因縁対決でもありました。

⑤番は、やがて巨人の栄光を担う原辰徳と、まさに巨人の歴史そのものの豪華メンバーが名を連ねていたのです。

一方の中日は、監督は中日史上最高のプレーヤーの一人、髙木守道。

③番は、名球会入りの立浪和義。

④番は、この年ホームランと打点二冠王の大豊泰昭。

そして、⑧番キャッチャーは、私が大好きな中村武志。

投手陣も豪華でした。巨人は桑田真澄、斎藤雅樹、槙原寛己の3本柱。中日も今中慎二、山本昌広、郭源治。時代を築いた名投手ばかりでした。

試合は次第に巨人ペース。5回を終わって、6－2。点差から見ると、ワンサイドのようにも見えますが、球場には重苦しい雰囲気が漂っていました。まだ何かがある。巨人ファンも落ち着かなかったと思います。

2回途中から投げた斎藤の5回1失点が巨人勝因の一つ。

6回に中日は、その斎藤から彦野のタイムリーで6－3とすると、7回からは巨人、桑田がマウンドに上がります。

何が何でも勝つと明言した長嶋監督の三本柱、全員投入作戦でした。

髙木監督はいつも通りの試合として、今中にすべてを託しました。

このあたりの事情については、前の項目で詳しく書いたので省略させていただきますが、先ほどの豪華メンバーとして紹介した選手の中で、「10・8」のこの試合に出場しなかったのは山本昌広と郭の2人だけなのです。長嶋監督の三本柱投入との違いがわかります。

さらに、この試合が多くの人に感銘を与えたのは、両チームの選手たちのこの試合に懸ける意気込みだったと思います。不注意から起こす故障にはうんざりしますが、集中力を高めた結果の故障は同情と感動を呼びます。

ホームランとタイムリーと大活躍の落合が、3回裏、立浪の打ったゴロを捕球しようとして股裂き状態で立てなくなりました。内転筋を痛めてしまったのです。結果的にはエラーの記録になりましたが、中畑コーチにおんぶされて戻る落合にはスタンドから拍手が起こりました。三塁側からも一塁側からもです。しかし意外と重傷で、彼はその後の日本シリーズを棒に振ることになってしまうのです。

8回、リードされていた中日。この回先頭の立浪が執念を見せます。マウンドには桑田。PL学園の2年後輩にあたる立浪。もう後がありません。立浪、当たり損ないのサードゴロ。立浪走る。そして執念のヘッドスライディング。セーフ。内野安打です。

しかし、立浪は動けません。極限状態で走ったため、左肩脱臼でベンチに運ばれます。心配そうに駆け寄るチームメイト。

バッターボックスに入ろうとしていた大豊までが、ベンチに戻りダッグアウトを覗きます。しかし立浪が塁に戻ることはありませんでした。

おそらくは立浪、生涯最初にして最後のヘッドスライディングだったに違いありません。それだけ、選手たちは高揚していたのです。

解説の達川光男さんが少し涙声で、「凄い執念ですね。そしてチームワークが素晴らしい。中日は良いチームになりましたね」

この解説には、私も目頭にジーンとくるものを感じました。

最後まで執念を見せたドラゴンズでしたが、9回、桑田が小森を三振に打ち取り試合終了。6－3で巨人の勝利。

かくして、史上に残る「10・8決戦」は、巨人優勝で幕を閉じたのでした。

そして、それは伝説として永くファンに語り継がれることになります。

後日、この「10・8決戦」に関する様々な選手のインタビューや、これを題材にしたドキュメントも数多く作られました。

巨人、中日ほとんどの選手がこの試合の特殊性と凄さを改めて語っていましたが、その中でも中日の大豊選手がナゴヤ球場のスタンドでこの「10・8決戦」についてのインタビューに答え、今にも泣き出しそうな表情で声を震わせながら、「私の野球人生の中で、忘れることのできない最高の試合でした」と語っていたのが妙に印象に残ったのを最後に、大豊は表舞台から去りました。

時は経ち、私も仕事の忙しさに紛れ、「10・8決戦」の興奮も次第に薄れ始めた2010年(平成22年)の年の瀬、十数年ぶりに大豊泰昭さんと再会しました。

それはある新聞社の企画で、2010年のアメリカ映画、ブルース・ウィリス主演の「レッド」という映画の公開記念として、いわば宣伝用のPRとして私と大豊さんの座談会が企画されたのです。

なぜ、私と大豊さんかといえば、この映画、ご存じですか？　ブルース・ウィリス扮する引退した、つまり老人の元CIAエージェントが大活躍するというアクション映画なのです。

老人が活躍するということで、すでに引退した2人の座談会企画になったわけなのですが、私はともかく、大豊さんは現役を退いたとはいえ中華料理店を経営。当時まだ47歳。少々釣り合わないような気もしたのですが、とりあえずその企画に参加したのです。

もちろん、座談会の話の中心は、映画「レッド」の面白さ。ウイリスの若々しさ、我々も頑張らなければいけない、若者に負けるか、といった内容でしたが、いつの間にか話は当時の現役のスターと、それを放送したアナウンサーであの十数年前の「10・8決戦」の話題で盛り上がってしまったのです。

大豊さんは、あの年二冠。全盛期だっただけに、人一倍残念な気持ちが強かったんでしょうね。

「本当はビールかけをして、優勝特番で放送局周りをする予定だったのですが、私はノーヒット。負けちゃったのですぐ風呂に入って、寂しい思いで帰りましたよ」と言って驚くほど大きな声で笑いました。

「吉村さんに当時インタビューされたのは嬉しかったですよ」

嘘か本当か、こっちは照れ笑い。

実は、すでに白血病に侵されていることは公然の事実として知られていたものの、顔の艶も良く、昔と変わらない元気の良さは意外で、こりゃもう大丈夫だと安心して帰った記憶があります。その座談会。後日、新聞に掲載されたのですが、その紙面のあまりの大きさにびっくりしました。友人がその紙面を額に入れて送ってくれ、いまだに我が家の書斎とおぼしきところに飾ってあります。

あれからまた時が経ち、大豊さんは自分が経営していた「大豊飯店」を閉店し、岐阜のお千代保稲荷の参道の小さなお店で、餃子や焼きそばを作っているとの噂を耳にしました。「ああ、まだ元気でやってるんだ」、そう思っていた矢先の２０１５年（平成27年）１月18日、まだ51歳という若さでこの世を去ってしまいました。

大豊泰昭さん、豪快なホームランと晩年の気遣い。映画「レッド」の主人公のように、まだ頑張るはずじゃなかったのですか？　いくらなんでも早過ぎます！　私にとって忘れられない一人です。

「10・８決戦」は今なお私に様々な思い出を残してくれています。

８　「10・８決戦」エピローグ──落合博満と長嶋茂雄

かくして「10・8決戦」は幕を閉じました。が、まだほんの少し続きの物語がありました。

放送の興奮冷めやらぬまま、仲間と一杯やりたいのをこらえて、次の仕事の準備を始めなければなりませんでした。

翌日の日曜日は、我が局のスポーツ最大イベント、ゴルフ「東海クラシック」最終日の放送の資料作りをしなければなりませんでした。さすがにこれは過酷でした。ホテルをとってもらい、放送の余韻を楽しむこともなく、気持ちばかり高揚して戻ると、玄関前からフロント近辺まで何やら大勢のただならぬ雰囲気。

そうです。実はこのホテル、巨人の定宿だったのです。間もなく帰って来る巨人の選手たちを待ち構えるファン。そして祝勝会の準備をする従業員やスタッフたちが慌ただしく働いていたのです。

これは大失敗、別のホテルをとるべきだったと思っても、もう後の祭り。

部屋でいざ資料作りを始めても何とも落ち着きません。これは仕方ない。祝勝会をちょっとでも覗いてみようかと、会場の前に行くと、ちょうど栄光の巨人の選手たちが続々と登場。数台のテレビ局のカメラの列。おっと、あの東京の巨人専属局の生カメまで入っているではありませんか。新聞記者、リポーター、関係者多数。こりゃ私の居場所はないと判断、逃げ出そうとしたところへ最後に少々足を引きずりながら悠然と姿を現したのが、落合博満でした。

落合「何だ！　お前何しに来てる？　君は関係ないだろう？」

吉村「（事情説明）……てなわけで、ゴルフの資料作りをやってるんです」
落合「今日、君放送したんだろ？　また明日も放送やるのかよ。大変だな。部屋番号は？何号室にいるの？」
吉村「……号室です」
落合「わかった。後で行けたら行くわ」

部屋に戻っても仕事は手に付かず。まず〝あいつ〟が来ることはないだろうと思ってもやはり落ち着かず、一応、缶ビールだけは用意して待つこと3時間。すると夜中の3時過ぎ、ドアをコツコツと叩く音が。開けてみると、そこに落合博満がいたのです。

普段はあまり飲まないのに、祝勝会では勝利の美酒に酔いしれたんでしょう。顔はほんのり赤く、上機嫌であることは一目でわかりました。考えたら差しで飲むなど、ドラゴンズ時代にもなく、何とも不思議な感覚でした。

まずは缶ビールで乾杯（買っといて良かった！）。30分位、束の間の会話をしました。何を話したかほとんど覚えがありませんが、帰り際、落合博満がポツリと言った一言だけは鮮明に覚えています。

「勝って良かったよ。もし負けていたら、俺、巨人辞めるつもりだったよ。勝って本当に良かった。明日頑張って。じゃあ！」

滅多に本音を言わない落合博満の、最初にして最後の本音のような気がしましたが、足を引きずって帰る落合博満の後ろ姿を見ながら、もし負けてもあなたが辞めることはないだろうなと、漠然と考え直していました。

こんな夜中の出来事で、私の「10・8決戦」は終わりを告げました。

今思えば「10・8決戦」の最大の主役は、長嶋茂雄監督かもしれません。「国民的行事」などという発言は、これは長嶋監督にしか言えない言葉。他の誰が言ってもピンとこない。いやそんな言葉、誰も思いつかなかったでしょうね。

しかし「10・8　国民的行事」の長嶋発言は、そこから永く一人歩きを始め、この試合を一段と引き立ててくれることになったような気がします。長嶋選手の現役時代、私は大勢の長嶋番の後ろのほうで耳をそば立てて取材していました。情けない話ですが実際に個人的に取材することなどほとんどできなかったです。

ところが、この「10・8決戦」より遡ることほぼ10年前、実は長嶋さんと一緒に仕事をしたことがあるのです。少しこの話をさせてください。長嶋さんはドラゴンズと結構縁があるのです。１９７４年（昭和49年）、ドラゴンズが20年ぶりに優勝。そして巨人Ｖ10ならず。川上哲治監督勇退、そして長嶋茂雄選手も引退。日本の野球史の上でも大きな転換期になりました。これが長嶋さんとドラゴンズの最大の関わりかもしれません。

１９９３年（平成５年）、第二次長嶋監督時代になってから翌年の「10・８決戦」。そして１９９６年（平成８年）は広島と最大11・５差をひっくり返して優勝した長嶋造語のいわゆる「メークミラクル」。このいずれもが、ドラゴンズにとっては極めて不名誉なことではあるのですが、ナゴヤ球場が舞台になりました。

長嶋さんが巨人軍の監督に最初に就任したのは、中日の優勝が決まり、巨人V10が消えた翌年の１９７５年（昭和50年）。リーグ優勝２回も日本一にはなれずに、１９８０年（昭和55年）、事実上の解任で監督を辞任します。その後、先ほど話した１９９３年（平成５年）の第二次長嶋監督誕生まで、その間十数年野球界を離れた時代があったのです。

もちろん長嶋さんは、野球の伝道師と言おうか、スポーツの外交官的な働きで野球界の発展に貢献したばかりか、その天然のキャラによりスポーツのコメンテーターからバラエティーまで、その人気は衰えることがありませんでした。

長嶋さんは、様々なスポーツに関心を示しました。その一つに、２０００年（平成12年）シドニーオリンピックから正式種目になったトライアスロンがあります。

１９８５年（昭和60年）、長嶋さんは「日本トライアスロン連盟」（ＪＴＦ、現在の「日本トライアスロン連合）の会長に就任します。

時代を並行して私の話になりますが、実はその頃、東海テレビでもトライアスロン中継の話が持ち上がっていたのです。それは、岐阜県海津町（現在は海津市）を中心とした「長良川国際トライアスロン大会」でした。１９８６年（昭和61年）が第１回で、２０１６年（平成28年）で31回目。トライアスリートにとっても聖地になりつつある場所です。

我々が興味を持ったのは、そのトライアスロンのコースでした。

海津町は岐阜県の最南端。木曽、長良、揖斐、いわゆる木曽三川の合流点にあり、海抜ゼロメートル地帯。水との戦いに明け暮れた場所で、芝居や映画になったこともある宝暦の治水事業の舞台であり、洪水を防ぐため集落全体を堤防で囲む輪中《わじゅう》の故郷としても知られ、しゃべり手にとっては話題に事欠かない場所でした。

しかし、中継のコースとしては大問題。当時の技術スタッフもこの話になると今でもため息を漏らします。

トライアスロンは、オリンピックディスタンス。51・5キロ。スイム1・5キロ、バイク（自転車40キロ）、ラン10キロ。

スタートは有名な治水神社横、長良川の河川敷です。長良川で泳いだ後、自転車で堤防道路を北上、これが実は道幅が狭い。常々マラソン中継の移動車を運転するベテランドライバーも、冗談ではなく死ぬ思いだったと言います。

やがて、稲穂が揺れる海津の穀倉地帯へ突入。右に左にコースは曲がり、突然、稲穂の向こうにヨットの帆が見えるじゃありませんか。これには驚きました。岐阜県は海なし県。四方海がありません。したがって、このあたりに散在する池をヨットの練習用に使っていたのです（ちなみにここで練習する海津明誠高校は、インターハイでヨット優勝の実績があります）。それにしてもここでヨットの帆は想像外。初めて見る者にとっては、何だか夢の世界に迷い込んだような不思議な光景でした。いずれにしても、技術陣にとってはとてつもなく難解なコースだったのです。話がそれてすみません。


時代がうまく重なり、我々のローカル中継に、長嶋茂雄・日本トライアスロン連盟会長がゲスト解説として来てくれることになったのです。

私にとっては、スーパースター長嶋茂雄は神様のような存在。天にも昇る気持ちでした。我々の年代のスポーツアナウンサーにとって最大の幸せは、ON（王貞治と長嶋茂雄）の全盛期に間に合ったことではないでしょうか。

さらには長嶋選手のあの有名な「巨人軍は永久に不滅です」の引退セレモニーをライトスタンドで見ていたという落合博満さん。王、長嶋を打ち取るために渾身のピッチングをした星野仙一さん。この偉大なる選手たちとの出会いも、ある意味、王、長嶋なしでは考えられません。

我々スタッフは、2つのことを長嶋さんにお願いしたのです。

1つ目は、トライアスロンは長丁場です（放送は、当日編集しての中継録画）。大事なポイントごとの解説をお願いします。後は、冷房の効いた部屋でお休みください。2つ目は、イントロ部分の事前収録を治水神社参拝からお願いします。

治水神社でのイントロ事前収録、私の胸ははち切れんばかり。動悸と汗が止まりません。

「治水神社は、宝暦の治水事業に尽力した薩摩藩士を祀ったものとして知られ、堤防沿いの千本松原とともに観光スポットになっています。1754年から55年の宝暦の時代、度重なる洪水に苦しむこの地の治水工事を、幕府は薩摩藩に命じたのです（薩摩藩の権力と資金を削ぐため）。薩摩藩家老平田靭負《ゆきえ》以下藩士たちは艱難辛苦《かんなんしんく》の末、この治水事業を成し遂げます。しかし長い年月がかかったこと、さらには多額のお金を使ったことの責めを負って、平田靭負以下51人は自害をして果てます。その薩摩藩士たちを祀ったのがこの治水神社なのです」

私の頭の中では、このくだりは自分が説明しなければならないと思い、懸命に勉強して本番を迎えました。颯爽と白のブレザーで現れた長嶋茂雄対カチカチの吉村功の対決です。

吉村「皆さまこんにちは。長良川国際トライアスロン、間もなくスタートの時間です。解説は日本トライアスロン連盟会長、長嶋茂雄さんです。今日は長嶋茂雄さんとともに、ゆか

1986年、ジャパントライアスロンシリーズ長良川国際大会で憧れの長嶋茂雄さん（右）と。長嶋節と吉村節に放送席は大いに盛り上がった

元祖ミスター・ラグビーの松尾雄治さん（左）と
長嶋茂雄さんをゲストに迎えて

りの治水神社を参拝、トライアスリートの無事を祈願してから放送に入りたいと思います。長嶋さんこの治水神社はですね……」

と、突然、さえぎられる!?

長嶋「この治水神社はですね～、薩摩藩士が艱難辛苦の末、治水工事を行ったのですが、あまりの労力と資金を使った責めで、藩士たちは自害してしまうのですね～。それを祀った神社なのですね～。吉村さんわかりますね？　いわゆる悲しい物語ですね～（長嶋節）。参拝しましょう!!」

長嶋さんの独演会でした。

この方を牛耳る力は、私にはまだないと実感しましたが、長嶋さんのテレビで聞き慣れたあの長嶋節を生で聞けたわけですから、こんな幸せはありませんでした。しかし、何処でこの治水神社のことを勉強したのか、さすがだと思ました。

もう一つの願いも、見事に裏切られました。

全国区の長嶋さんに、ローカル中継であるばかりか、おそらくは大変な長丁場の中継、全編解説はあまりにも失礼と思っていたのですが、この予測も見事に外れました。これには恐縮しました。

全編独演状態。手を抜くどころか、身振り手振りを交えて熱演。放送席をカメラで撮ったほうが面白いのではないかと思えるくらいでした。

長嶋さんはやはり「いわゆる一つの長嶋さん」でしたね。やがて私が「10・8決戦」の国民的行事に参加できることになるなど、想像もしていなかった頃のお話でした。

「10・8決戦」が終わって、しばらくしてからのインタビュー。

桑田「野球の奥深さを知った試合でした」

大豊「生涯忘れることのできない試合でしょう」

終わりに落合。「野球の試合だろう」

9　私のドラゴンズ最後の放送―ノーヒットノーラン

私の引き出しの中に、大変に古いサインボールがあります。それはもう黒く変色し、サインした人の名前を確認できないほどです。別にオタクではないのですが、いろんな方のサインボールを頂いた記憶があります。なぜこのボールだけが机の中に残っているのか、不思議で仕方ありません。名前はもう擦り切れて読めませんが、そのサインボールの表題だけはしっかりと残っており、はっきりと読めるのです。

ボールには、「１９６４・８・18　D×G22回戦（３X－０）準完全試合達成記念　プロ野球ニュース出演記念」と書いてありました。

それは先日亡くなられた中山俊丈投手（中京商業高校卒業後、１９５５年－１９６５年、ドラゴンズ在籍）がノーヒットノーランを達成した１９６４年（昭和39年）のその日に、我が東海テレビの「プロ野球ニュース」に生出演していただいたときに中山さんからもらった記念のサインボールなのです。入社２年目の私がそのときの「プロ野球ニュース」の担当でした。

また少し話がそれますが、フジテレビ系列では伝説の「プロ野球ニュース」は、当時のスポーツアナウンサーにとっては憧れの的の番組であると同時に、一番のプレッシャーがかかる、ある意味ではプロ野球中継以上に心をときめかせ、神経を尖らせる番組でした。

なんせ生放送です。その日のナイター終了後、放送までほとんど時間がありません。試合後の監督や選手のコメントを聞くことはほぼ不可能。それどころか、試合の最後まで観戦できず、球場から会社へ向かうタクシーの中でラジオを聴きながら戻ることもしばしば。戻ればスコアシートを確認しながら、解説者と打ち合わせ（これもこの番組の名物で、必ず解説者と２人で進行した）。

まず本編の編集が間に合うことはなく、本番はその出来上がったばかりの映像を見ながら、スコアシート1枚で、アドリブで喋るのです。これは苦痛であると同時に、うまく喋れたときは快感でしたね。悔し涙のほうが多かったような気がしますが。

生放送ですから時には、いろんなアクシデントが発生しました。始まる寸前までディレクターの顔が見えないとか、当時はまだアナログのフィルム時代。慌てた編集者がフィルムを逆さまに繋ぎ、右投手が左投手になったことも。これは後に笑い話で済みましたが、最悪なのはフィルムが途中で切れて映像がダウンしたケース。これはもうどうしようもありません。スタジオの2人の困った顔が大アップ。それでも開き直って何とか喋ったものでした。

この「プロ野球ニュース」は、大変勉強になりました。フジテレビ系列のスポーツアナにとっては登竜門でもあったのです。入社2年目の私が、当時のエース的存在の中山俊丈投手に生放送でインタビュー。緊張して中身は全く覚えていませんが、うまくいったとはどうしても思えません。

今から五十数年前のサインボール。擦り切れた筆跡。でも、よーく見ると、微かに「中山」の文字が見えるような気がします。そう思って見るからでしょうね。その中山俊丈さんは昨秋亡くなりましたが、不肖私の歴史とともに生き残ったサインボール。黒い汚れも何となく輝いて見えます。

私はこれまでノーヒットノーランや完全試合の放送とは全く無縁でした。放送の中で達成寸前の試合は、あの落合逆転サヨナラ3ランの斎藤雅樹投手やら何試合かはありましたし、目撃したことも数試合あります。

白眉《はくび》は1987年（昭和62年）、ルーキー近藤真一投手の初登板、初先発、しかも巨人戦でのノーヒットノーランに止めを刺します。

これには記者席で痺れました。

こればかりは縁がないものと諦めていたのですが、不思議なことに私のナゴヤドーム最後の放送が、中日ドラゴンズのレジェンド・山本昌投手のノーヒットノーランだったのです。地上波は森脇淳アナ、私はCS放送担当でした。2006年（平成18年）9月16日、もうすでに定年も過ぎ、フリーになってからの放送でした。

その1年前の2005年（平成17年）9月6日の阪神戦。光栄なことに、ゲスト解説には星野仙一さんに来ていただき、放送が終わると同時に前のほうから予期もしない「吉村コール」が起こりました。嬉しさと寂しさが同居した地上波最後の放送でした。これで終われば格好良かったのですが、生来の欲張りな性格から地上波放送は当然ありませんでしたが、CS放送は続けていたのです。

山本昌投手の年齢を超越したノーヒットノーラン。私の最後のナゴヤドームの放送としては、最高の舞台だったと思います。縁がないとばかり思っていたノーヒットノーラン。中継したわけではありませんでしたが、中山俊丈投手のノーヒットノーランの「プロ野球ニュー

名言は「プロ野球ニュース」からもたくさん生まれた（1965 年）
「プロ野球ニュース」はアナウンサーの登竜門。常に時間との勝負。アドリブで生放送を乗り切ったことも

ス」から、山本昌投手のノーヒットノーランの舞台まで、黒く煤けたサインボールは私のアナウンサーとしての歴史を語る宝物なのです。

そして、ついにプロ野球中継42年間の私の局アナとしての歴史は終わりを告げました。これで終われば次に格好良かったのですが……。その後、ケーブルテレビの大学野球放送を続け、さらに場所を変え、岐阜の地でまさか高校野球中継にのめり込むとは夢にも思いませんでした。この話はまた後ほど。

第2章　少年時代の夢

1　大下弘の鼻紙

子供の頃のことになると、過去のことをあまり振り返りたくないという性分もあり、その思い出は断片的で、話に脈絡がありません。特に一体いつの時代の話なのか、後先が朦朧《もうろう》としているものも多いです。

私が生まれたのは、1941年（昭和16年）1月25日。東京都中野区鷺宮という所で、都心からはかなり離れた、当時はまだ田んぼが広がり、川や森もあるのどかな田舎の風情のある町でした。今は違いますよ。びっくりするくらいの住宅地に生まれ変わり、昔の面影は全くなく、私たちが遊んだ川や森や広場はもうすっかり姿を消してしまいました。

時は止まりません。私が生まれたその年の12月に、太平洋戦争が勃発しました。と言っても物心もまだつかない時代、戦争の悲惨さを語る資格などは当然のごとくまるでありません。覚えていることと言えば、自宅の庭に防空壕があり、けたたましいサイレンの音と、慌てた母親が私を逆さまに抱っこし、つまり頭が下の状態でおんぶして家族の失笑を買ったこと。そう、恐怖感と言うより、まだ少し笑いがあったような雰囲気を記憶しています。

何も理解していなかったんでしょうね。戦争中、私は栃木県の那須の遠い親戚の家に父や

扉写真：中野区立第八中学校時代。母と自宅前で

兄弟と別れ疎開していました。幼心によく覚えています。そこはノミとシラミの世界。朝起きて最初にする仕事は、ノミ退治だったことを今でも鮮明に覚えています。

東京の実家との行き帰りは、当然まだ蒸気機関車です。窓を開ければ、黒い煙が入り込み、なぜ煙が出るのか不思議な思いで身を乗り出して、母親に襟首を掴まれたことや、突然列車が止まり、乗っていた乗客、もちろん私と母親も慌てて列車から飛び降り、何が何だかわからないまま近くの森の中に逃げ込んだこと。いずれも全く恐怖心はなく、空襲など戦争の恐ろしさを、私はまるで理解していませんでした。

それは不思議な光景でした。大きな庭(おそらくその時代の庄屋さんの)の中央にラジオが置かれ、その周りを大人も子供も、たくさんの人が囲んでいました。私も母親に手を持たれ、今思えばいつもより強く握られていたような気がします。ラジオからは、雑音と得体の知れない不気味とも思える声が響いてきました(なんと不敬な!)。私には何のことかさっぱりわからなかったのですが、大人たちは頭を下げ、中には泣きながらその音を聞いている人もいました。それは1945年(昭和20年)8月15日、終戦を告げる玉音放送だったのです。私が4歳のときのことでした。

戦後の混乱期から、小・中学時代の思い出を正確には覚えていないかもしれません。思い出の後先は少し勘弁してください。現代のような裕福な時代に比べ、日本には一般的に物がなく、着るものも、食べるものもないその時代、少し語弊があるかもしれませんが、決して裕福ではなく、されどそう貧しくもない家に育った私は、それはそれで一生懸命遊び、能力に応じて勉強し、少々の貧しさは感じながらも楽しい子供時代を送っていました。

現代のように娯楽が多様化し、パソコン、スマートフォンと私たちの時代からは想像もできないようなソフトで遊ぶ子供たちとは違って、ベーゴマ、メンコ、ケンダマ、缶蹴り、草野球、草相撲と実にアナログですが、遊びの楽しさでは負けていないような気がするのです。いやむしろ、昔の遊びを今の子供たちに教えてあげたいような気さえするのですが、いくら私が気張ったところで、孫たちにこれらの遊びを教えてもちっとも興味を示さないのは、やはり時代が違うからなのですかね。

ここで、今となれば、この小・中学校時代が私のアナウンサー生活に、かなり影響を与えたと思われる3つのエピソードを紹介したいと思います。

1つ目は、あの青バットの「大下弘の鼻紙の話」です。

これはあちこちで話をし、あちこちで活字になっていますので、「またか！」と思われる方もいるかもしれませんが、実は正直この話になると、年を取るにつれ、まさに夢か現実か、少々混沌、朦朧としてきているのです。

せっかく、この話をする最後のチャンスだと思うので、苦手ながらも歴史的検証を試みてみました。まずは物語をお聞きください。今の子供たちは、学校の中の友だち同士で遊び、中学生、高校生になれば部活を始める。サッカーや野球のクラブに入って未来の夢に懸ける子供たちもいますが、やはり学校教育が中心。遊びも学校単位で、近所の子供たち同士で遊んでいる姿をあまり見かけたことがなく、子供たちの歓声が、学校以外から聞こえてこないような気がします。

私たちの時代は、学校からすっ飛んで帰ってくるとランドセルを玄関にほっぽり投げ、近所の悪餓鬼たちが直ちに集合。前の道路が遊び場になります。隣の谷本君兄弟、前の稲葉君、金勝《かねかつ》君三兄弟、少し年上のジローさん、サブローさん（正確に名前を覚えていない）。その日の遊びのメニューは、時に缶蹴りであり、ベーゴマ、あるいはメンコになる。いつの間にか、遠くの町から遠征してきた初めて見る子供たちも加わり盛り上がる。やがて日が暮れて、「功！ご飯だよ！」と母の声が聞こえると、遊びは終了でした。日曜日の遊びのメインは野球でした。終戦後の焼け野原。子供が遊べる広場はいくつもあったのです。

それぞれ皆、野球少年でした。いや野球しかなかったと申し上げていいと思います。むしろ、サッカーのほうがボール１つあればできるわけですが、当時の子供たちの間にはサッカーの「サ」の字もなく、サッカーをやっている子はほとんどいませんでした。今のサッカーの隆盛を思えば不思議ですね。もちろん野球といっても、手作りのボールに、手作りのバット、まさに草野球だったことは言うまでもありません。

また、プロ野球の選手は、今のように球場に行けばすぐ見られるような身近な存在ではありませんでした。私たちの子供の頃は、球場に行くことなどまず叶わず、プロ野球選手は今のアイドルのごとく憧れであり、夢の中にいるスターだったのです。テレビ時代到来の少し前、私たちは野球選手のブロマイド集めに必死でした。紅梅キャラメルのおまけにつく野球選手の写真欲しさに、小遣いをもらえば駄菓子屋に飛んで行く。お菓子は紅梅キャラメルと決めていました。憧れは、川上、千葉、青田、別所と圧倒的に巨人の選手たち。その他の球団の選手だと、青バットの大下弘、物干し竿の藤村富美男くらいでしたかね。

今となれば申しわけないのですが、悪餓鬼軍団の中では西沢、杉下等ドラゴンズの選手はまるで人気薄でした。言っておきますが、これは子供の頃の話ですから誤解のないようにご容赦ください。

さて、幼少期を過ごした中野区鷺宮の最寄りの駅は、西武新宿線の都立家政駅でした。その駅から4駅ほど先に、上井草駅という駅があり、そのすぐ近くに「上井草球場」という野球場がありました。その球場では、毎年パシフィックリーグのプロ野球の試合が行われていました。が、実はそれは大変な間違いであることが最近になってわかったのです。それは後ほど話すとして話を前に進めます。

ある年、その球場に東急フライヤーズが来ることになったのです。フライヤーズと言えば、あの大下弘がいる球団です。私たち餓鬼っ子たちは、憧れの大下弘が見られると目を輝かせて上井草球場へ出かけていきました。もちろん外野席です。当時はまだ外野は芝生席ならどこでも動ける自由席。私たちは、大下弘の動きに合わせてゾロゾロ大移動です。はっきり言うと、当時は巨人の試合以外は、野球の試合なんかどうでもよく、憧れの大下弘だけを見に行っていました。

その事件は、大下弘がレフト側に動いたときに起こりました。我々チビッコも、当然大移動です。レフトのポジションに来た大下弘は、ユニフォームの後ろのポケットから鼻紙（ちり紙）を取り出し、鼻のあたりをさすった後、ファールラインをゆっくりと越えた所にポイッと鼻紙を放り投げた……ように見えたのです。

そのとき、我々はどうしたと思います!?　そこからが、少々曖昧な記憶になってしまうのですが、確かにチビッコたちは外野のフェンスを乗り越え、その鼻紙を目がけて突進したのです。私はどうしたか？　全く覚えがないのです！　いずれにしても、私にフェンスを乗り越える勇気があったとは思えず、仮に皆と一緒にフェンスを乗り越えたにせよ、鼻紙の側に行けたとも思えず、結局は単なる傍観者だったというのが正解かもしれません。ただそのとき、極めて自分が情けなく、寂しく、悔しい思いをしたことだけははっきりと胸の内に残っているのです。

「よし、そのうちきっと大下弘から鼻紙をもらってやる！　大下弘と友だちになってやる！　君たちに『功は凄いよな！　大下と友だちだものな！』と言わしてやるぞ」と少年の私は誓ったのでした。こんな話だったと記憶していますが、本当にあれは大下弘だったのだろうか？　私は本当にそこにいたのだろうか？　年を取るにつれ、夢か現実か、少々曖昧、混沌の世界に入ってきています。

後日談ははっきり覚えています。大下弘さんは、東急フライヤーズ「青バットの大下」から西鉄ライオンズに移り、あの中西、豊田、高倉、関口、そして稲尾等で日本シリーズ３連覇と西鉄黄金時代を築きます。現役引退後は、監督などを経験した後、フジテレビ系の大阪関西テレビの解説者として活躍されることになります。

やがて私も東海テレビのアナウンサーとなり、時として阪神が中日球場に来たときの中継には大下さんを解説者としてお招きすることもあり、解説者とアナウンサーとして長い年月を経て再会することになったのです。歴史はまさに奇なり。ある意味、あの幻の鼻紙事件の「よし、大下弘と友だちになるぞ！」が「友だち」というわけにはいきませんが、あの夢が現実のものとなったのです。

大下弘さんは、現役時代の噂通りの豪快さと繊細さを兼ね備えた方でした。試合後の飲み会になると、もう帰してはもらえませんでした。私はと言えば、あのチビッコの時代の自分に戻ってしまい、目を輝かせて話に聞き入った覚えがあります。最後は大下さんの定宿にまで入り込み、夜が明けるまで飲み明かしたこともありましたが、大下さんは目をつぶり瞑想するような表情でゆっくりと話されるのが印象的でした。

夜が明け始めた頃、「あの事件」を恐る恐る聞いてみたことがあります。そのとき、大下さんはかっと目を開き、かなり厳しい口調で「吉村君、上井草球場は覚えているけど、君ね！私が球場で鼻をかんでその鼻紙を球場の中に捨てるわけないだろう！」と一喝されました。

これでこの物語は終わりです。確かに、常識で考えても球場の中にいる選手が鼻をかんで、いや鼻をかむことはあっても、お客さんがいる球場の中で鼻紙を捨てることはあり得ないでしょうね。じゃ、あれは何だったんだろうか？　推測ですが、後ろのポケットの手拭いかタオルを引っ張り出して顔の汗を拭ったのを、我らチビッコたちが勘違いしたのではないでしょうか。しかし、夢であれ現実であれ、なんであれ、あの大下弘の鼻紙は、私をプロ野球の解説の世界へ引っ張り込む招待状であったような気がしてなりません。

最近ちょっと気になり始め、苦手な歴史を調べてみました。上井草球場は１９３６年（昭和11年）開場。１９５９年（昭和34年）にはもう壊されていることがわかりました。そして私の大きな勘違いは、毎年プロの公式戦が開催されていたとばかり思っていたのですが、実はプロの公式戦が上井草球場で行われたのはたった2試合しかありませんでした。それもダブルヘッダーで、1950年（昭和25年）8月4日、東急フライヤーズ対毎日オリオンズ。阪急ブレーブス対大映スターズのこの2試合だけだったのです。

大下弘選手は1946年（昭和21年）から1951年（昭和26年）まで確かに東急フライヤーズに在籍。重ね合わせると、私が上井草球場に大下弘選手を見に行ったのは1950年（昭和25年）8月4日。当時9歳。小学校3、4年生の夏休みであることが判明しました。

やはり、夢ではなかった。私は本当にそこにいたのです。

2　同級生の省八君

2つ目の話も、ほぼ「大下弘鼻紙事件」と同時期の小学校5、6年の出来事だと思います。

私が通っていた小学校は、自宅から歩いて10分ほどの鷺宮小学校という学校でした。クラスの同級生には、省八君という子がいました。正直、勉強はそんなにできるほうではなく、口数も少なく、決して教室では目立った存在ではありませんでした。ただ、いざ外に出て遊ぶとなると俄然元気になり、相撲は強く、足も速く、時として野球では抜群のセンスを発揮。

いわば、遊びのヒーロー的存在だったのです。

ある日、いつものように野球で遊んでいたときのことです。この頃は、軟式の野球だったと思いますが、省八君はもちろんサードで4番。私は外野でレフトを守っていました。よほどの強打者でない限り、ボールはレフトまで飛んできません。つまり、私の野球の素質はあまり認められてはいませんでした。しかし、そのときは痛烈な一撃のライナーが、私の所へ飛んできたのです。当然といえば当然なのですが、見事万歳、球は校庭の隅へ転々と転がるホームランです。

これを見た省八君は、教室の中の目立たないおとなしい態度を一変、血相を変えて飛んできて、「君はもっと後ろへ行け」と私に監督のごとく命令するのです。レフトの後ろは校庭の隅、つまり球拾いのポジションです。これは屈辱でした。それで省八君はどうしたかというと、サードからかなり下がり、サードとレフトの両方のポジションを守り始めたのです。自分の力を知っていただけに仕方のないことですが、味方の誰もがそれは当然の処置であるがごとく、何も言ってくれなかったことが、二重のショックだったのを覚えています。

その省八君とは、滅多に会話をすることもなかったのですが、あるとき掃除当番で一緒になり、黙々と2人で掃除をしていたときのこと。帰り際に省八君が、「この間は悪かったな。お前があまり下手なんで思わずやっちゃった。ごめん」。

私も決して強い性格ではなく、喧嘩になっても相手は私より背も体重も上、とても勝てるわけもなく、卑屈な愛想笑いを浮かべ、「いいんだよ。でも君は野球うまいな！」と褒めるしかありませんでした。すると省八君は嬉しそうに、「野球には自信があるんだ。でもね、俺の兄貴はもっとうまいんだ。たぶん、プロ野球の選手になるよ」

そんな会話があって、しばらくしてから日曜日には、省八君と一緒に自転車に乗って、彼の兄貴の野球を見に行くことになりました。別に見に行きたかったわけでは決してなく、省八君が珍しく積極的に誘ってくるのを断り切れなかったと言ったほうが正しい気がします。どこかの学校のグラウンドだと思います。たくさんの子供たちが、私から見ると実に煌びやかなユニフォームを着て野球の練習をしていました。

戦後10年もたたない当時、ユニフォームを着ることなど、私たち草野球軍団にとっては夢のまた夢。その光景は、子供の野球とはかけ離れている印象に見えました。省八君が嬉しそうに言いました。「あれだよ。あれが僕の兄貴だよ」

指差す方を見れば、なるほど省八君にそっくりで、体は省八君を一回り大きくした兄貴を発見。印象的だったのが、その顔が赤鬼のごとく真っ赤だったことです。おそらく日焼けしていたのでしょうね。

「兄貴はまだ中学生なんだ。来年、早稲田実業に行くことになっているんだ」と。その省八君の言葉通りなら、計算すると我々より5つ上ということになるのですが、私の目から見ても、とても中学生には見えない。我々よりはるかに上の、もう大人の顔や仕草に見えました。

ネットの後ろには、びっくりするくらいたくさんの大人が詰めかけ、ほとんどの人がその兄貴に注目しているように見えました。次に見た光景は、あり得ないほどの衝撃的なものでした。左打席に入ったその姿は微動だにせず、一度バットを振れば、たぶん軟式ボールだったと思うのですが、あるいは硬式球だったのかもしれませんが、木製のバットから弾き出されたボールは、壊れんばかりのけたたましい勢いで外野に飛んでいくのです。

それは身近で一番凄い奴だと思っていた省八君の比ではない、ライナー性の打球がピンポン球のように外野へ飛んでいきました。ただもう呆然と見つめるほどの凄まじいバッティングに、子供心にもこれは只者ではないと思わせる何かを感じました。省八君を見ると、食い入るようにバッターを見つめる目がなぜだか潤んでいるようにも見えました。その人こそ、同級生・省八君の兄であり、当時は鷺宮の英雄、後にプロ野球選手として栄光を極め、なんと昨年野球の殿堂入りを果たした榎本喜八選手だったのです。

榎本喜八さんはその後、早稲田実業に入学。1955年（昭和30年）に毎日オリオンズにテスト入団、プロになるやその素質は一挙に開花。その年、早くも新人王のタイトルを獲得し、その後は2回も首位打者になるなど、スター選手の道を駆け上がります。1960年代のオリオンズ（球団の呼称が毎年のように変わっていた）の田宮、榎本、山内、葛城の強力打線は、阪神のダイナマイト打線に対して、ミサイル打線と称されました。それにしても物騒なネーミングばかりで、今ならこんな名前は付けられないでしょうね。

小さい頃から榎本選手を育てたのは、やはり同じ早稲田実業から当時は早稲田大学の花形選手だった荒川博さんでした。その後、荒川さんは榎本さんより前にオリオンズに入団、本格的な師弟の関係になります。荒川さんは、プロの選手としては華やかな活躍はありませんでしたが、ご存じのようにコーチとして才能を発揮。巨人時代はあの王貞治を見いだしました。一本足打法を身に付けさせ、世界のホームラン王に育て上げ、名伯楽と呼ばれるようになった方です。

荒川さんも２０１６年（平成28年）12月４日に亡くなられました。86歳でした。実は私には、荒川さんがフジテレビで解説者をしていた時代、ずいぶんと可愛がってもらった記憶があります。荒川さんは「榎本はバッティングの正確さ、ミートの巧さなら、王や張本より上だろうね」と、その才能を高く評価されていました。しかし、我が鷲宮の英雄・榎本喜八の晩年は決して恵まれたものではありませんでした。１９７２年（昭和47年）、西鉄ライオンズにトレード。その頃から奇行が報じられるようになったのです。新聞に載ったその奇行の有名な写真が、練習中に自分はスタンドに上がり、にやにやしながら万歳しているもので、それはまさに異様な写真でした。悲しかったです。胸が痛みました。

その年をもって、榎本喜八選手は現役を引退することになります。しかし、それ以降、さらに奇行が目立つようになったと荒川さんは言います。「喜八はね、自分が現役を辞めたことをどうも理解してなかったみたいでね。毎日夜になると素振りをし、2日に1回は自宅から自分がかつて拍手、歓声を浴びた東京スタジアム（今はない）まで、40キロ近くをランニングしていたんですよ。コーチになるためと新聞には出ていたけど、そりゃ違うね。ありゃまだ現役でいるんだよ」と。

結局、榎本喜八さんはその後、現役としてもコーチとしてもどこの球団からも声がかかることなく、やがてファンの方からもその存在は徐々に遠のいていき、2012年（平成24年）、75歳の生涯を閉じました。

しかし、全く思いがけないことが起こりました。四十数年の時を経て、榎本喜八の名前がよみがえったのです。

2016年（平成28年）1月18日、榎本喜八、野球殿堂入り。

驚きました、と同時にほっとしました。わが町の英雄、その存在は我ら子供たちの誇りです。これまでどれほど彼の存在、活躍が私の生きがいであったか。

本人は、こんな栄誉をやがて受けることなど知らずに逝ってしまいました。息子さんが代わってその栄誉を受けたそうですが、涙が溢れました。思うに、あの同級生の省八君は今どうしているだろう？　このままにして、調べるのは止めることにします。お孫さんと楽しそうにキャッチボールをしているでしょう……。きっと……。

3　ガチャン！　人生が決まった！

この話は、小学校高学年5、6年のことで、時期ははっきりしませんが、前の2つの話より後の事件であることは間違いありません。まさにそれは事件で、これを契機に私には野球をやる素質はない！　野球やスポーツは見るものである！と思わされた事件、つまり、小学校時代に野球から現役引退？させられた事件です。

子供の頃の夢、草野球に夢中になっていた時代。体も小さく、非力な私にはプロ野球選手になることはとても儚い遠い夢でしたが、今思えばせめて中学、高校くらいまでは野球を続けたいという気持ちがあったような気がします。しかしその事件があってから、全く別の方向の夢へと変更を余儀なくされたのです。と言っても、その変更した夢も実現できたわけではないのですが……。

小学校高学年から中学、高校に進むと近所の子供たちの仲も徐々に疎遠になり、今度は学校の同級生が遊びや生活の中心になってきます。戦後の混乱期から少しゆとりが見え始め、悪餓鬼軍団も少々大人になり、それぞれが個に目覚め始めた時代、草野球に夢中になっていた時代の終焉がいよいよ近づいていました。そんなとき、この事件は起こったのです。

私の自宅から歩いて３分。走って１分のところに私たちの遊び場である野球場がありました。私の住んでいたあたりは空襲を免れたところでもあり、その広場は戦争による焼け野原ではなく昔から存在していました。誰が地主か、その広場がいつ頃からあったのか全く不明というか、別に知る必要もない、単に私たち子供の広場でした。誰が名付けたのかその広場の名は「バッケガハラ」。今考えても全く意味不明です。

西武新宿線の線路際から南北に１５０メートルくらい、東西50メートルくらい。中央には、野球には全く邪魔な大きな樫の木が１本、西側には消防署、東側には少し後の時代になりますが、道路を挟んで大きな産婦人科の病院が立ち、グラウンドといっても別に整地したわけでもないのでボコボコ。しかし毎日私たちが踏みしめていたせいか、草の生育だけは何とか防いでいました。

草野球で一番の問題は、バットでもグローブでもなくボールでした。手製のボールでも、いわゆるゴムマリでも、軟式の軟球にしても、すぐ割れてしまうのです。そのとたんに、試合は中止。解散です。ボールが2つ以上はなかったのです。

バットは誰かが持っていました。グローブは布製からやがて豚革に進化していきます。あの3つの毛穴が並んでいる豚革のグローブを知っていらっしゃる方は、いまや私たちと同世代の方だけでしょう。

野球は三角ベース。セカンドがありません。前にも書きましたが不思議なもので、野球をやり始める頃になると、近所の子供たちだけでなく、見たこともかつて話もしたこともないような子供たちが、どこからともなく集まってくるのです。その数10人。これだけいれば、半分に分かれてすぐプレーボールです。

そんなとき、私たちがその広場でホームベースを置いていた場所から、野球のダイヤモンドに例えると、いわゆるライトのファールゾーン方向に1軒の家の建築が始まったのです。敗戦から時間がたって高度経済成長時代に向かう、少々ゆとりの時代の先駆けと言おうか、日ごとにその家は当時としては極めて斬新で洒落た外観を見せ始めました。屋根は三角屋根。そして、なんと言うことでしょうか！　屋根が突き出した北側は一面ガラス張りになっているではありませんか！

「何故？　北側にガラスなの？　南に向ければ良いのに」と誰かが言うと、「あれは芸術家の家、アトリエだよ。北向きのほうが、光線の影響を受けないんだよ！」とわけ知り顔の子の話に皆、納得。

「しかし、危ないよな。ボール当たりゃ、割れちゃうよな」

「いや、あのガラスは強いガラスなんだ。ボールが当たったくらいじゃ、割れるわけないよ」とその子の説明に全員胸を撫で下ろしたものでした。しかし、やがてそれはとんでもない大嘘であることが実証されることになります。

私自身、草野球のプレーヤーとしては、守りと走りはまずまずだったと思いますが、バッティングは駄目でした。腰が開き、いわゆるヘッピリ腰なのです。当たっても、打球はライトへ飛んでいきます。実はその癖は、ゴルフでもいまだに抜けません。いわゆるスライスボールです。その当時に、良きコーチと巡り合っていれば、「今のスライス、お客さんOBです」はなかったかもしれません。

「右打席の吉村君、打った！　珍しく良い当たりです！　オット！　これはライトのファールグラウンドに飛んでいる！　あの窓ガラス目指して一直線だ！　これはどうなる⁉」

誰かがやるとは全員が思っていたことなのですが、私が第1号になろうとは‼　その瞬間、あの子が、「大丈夫、あのガラスは強いから割れることはないよ！」と言っていたことを思い出しました。慌てて神にも祈りました。しかし、打球はガラスを直撃。次の瞬間、ものの見事にガラスはけたたましい音とともに、木っ端微塵に砕け散ったのでした。以降、すべての時間が止まりました。まるで漫画の１コマのようにガラスが割れ、情けない吉村君の顔のクローズアップで終わりです。

気がつけば母親とともに、泣きながらその家に謝りに行きました。情けないその姿は忘れてしまいたい記憶ですが、今もかすかに覚えています。おそらくは、相当な弁償額だったと思います。いまだに、あんな所にあんなガラス窓の家を造れば結果は見えているだろう!?造るなら強化ガラスくらいにしろよ！って言いたくなります。

自分のことは棚に上げて、逆恨み状態になることがあるのです。相当ショックを受けたのです。あの事件がきっかけだとは思いませんが、それ以降はあの広場での草野球はめっきり減っていきました。前にも申し上げましたが、やはり近所の子供たちとの別れの時でもあったんでしょうね。学校の友だちとは不思議と野球はやりませんでした。

私にとっては、野球に夢中になる時代の終わりでした。野球の素質なし。これからは、スポーツは見て楽しもう。できれば、野球の選手と一緒にいられるような仕事に就ければいいなあ。そう、漠然と思い始めていました。それが、アナウンサーになるなどとは全く思ってもみませんでした。

やがて高校、大学と演劇の世界にのめり込みます。といっても、役者になりたかったわけではありません。実は構成作家、演出家をめざすことになるのです。

第3章　原点は野球実況

1　三島由紀夫に批評されたボクシング放送

１９５８年（昭和33年）に開局した東海テレビ放送。

奇跡は起こりました。たった1回の挑戦で、合格してしまったのです。何とも不思議な思いでした。やがて、１９６３年（昭和38年）、アナウンサーとして入社することになります。

序章でも触れましたが、採用試験を受けたきっかけは名古屋の兄でした。何かと気にかけてくれていた兄のもとへ、気分転換のつもりで遊びに行ったことがきっかけで、この局で局員を募集していることを知ったのです。何気なく局に電話で聞いてみると、募集はアナウンサーのみだと知らされます。瞬間、不思議な感覚が電流のごとく体中に走りました。

高校時代から大学2年までは演劇の世界に入り、秘かに演出家を目指していたのですが、あまりにも情念の世界というか、感覚の世界というか、自分にとっては全く具体性のない会話「太宰がどうだとか、サルトルがどうだ」とかについて行けず、大学2年で挫折。今になって、自分の勉強不足がよくわかります。

実は、放送の世界にも興味がなかったわけではなく、大学に入り早稲田のある有名な放送のサークルに行ったところ、サークルに入るには試験があると聞いてびっくり。受ければ、

扉写真：ドラゴンズの都裕次郎選手をインタビュー（1982年）

案の定落選ですわ。

「ふざけるなお前等！　人の試験等する資格なんかあるのか！」と怒り狂って、これも挫折。今となれば、生意気でやんちゃな自分の性格を理解していなかったと言わざるを得ません。つまり、いろいろと試みはしたのですが、結論としてはサラリーマンしか自分には進む道はないと思い込んでいたのです。そこに稲妻が走るがごとく、かすかに心に引っかかっていたとはいえ、ほぼ消えかけていたアナウンサーなる職業がチョッピリよみがえったのです。自信などまるでなく、わずかに心のよりどころとなったのが、演劇部時代、嫌で仕方のなかった発声練習だったとは何とも皮肉な話です。最初の頃は、ここに来たのは間違いだ、早く東京に帰ろうといつも東の空を見て泣いていました。

負けず嫌いの性格というわけでもなく、どちらかというと弱気でしたが、〝努力家〟であったことが唯一私に残された取り柄でした。

その努力の賜物か、単なるツキなのか、１９６３年（昭和38年）にボクシング中継の仕事が舞い込んできたのです。しかも全国中継です。局内ではいろいろ反対意見もあったと聞いていますが、これが私のスポーツ放送の原点になりました。ところが、下山室長から、対戦カードを知らされたときはびびりましたね。

日本フェザー級チャンピオン菊地万蔵対タイのシリノイ・ルクプラクリス。シリノイ・ルクプラクリス!?　なんじゃこりゃ！　舌を噛みそうなこの名前。まだ滑舌も発声も十分じゃない私に、シリノイ・ルクプラクリスはないだろう！　俺の運命はこんなもんだと。相手の名前を呪いました。ルクプラクリス右のフック！ルク……プラ……。クリス左のジャブ！こりゃ言えない！

私が入社した1960年代半ばは、ボクシング放送の全盛期。各局ともボクシング中継に力を入れていた時代で、今では信じられないでしょうがボクシング放送のない日はありませんでした。フジテレビ系列でも、「ダイヤモンドグローブ」、「リングサイドアワー」と毎週2回、ボクシング中継をしていたのです。野球とボクシングは、スポーツ放送の2本の矢で、サッカーはまだありませんでした。

ファイティング原田、海老原、関、矢尾板、米倉、青木、柴田、高山、海津……。名前がいくらでも挙げられるほど、スターボクサーが山ほどいましたね。実は東海テレビ系列の傍系に、東海テレビ事業という会社があり、その傘下になんと東海ボクシングジムがあったのです。この東海ジムは会社のすぐ近くにあり、ボクシングの知識を得るのには大変助かりました。プロボクサーのトレーニングを直に見ることができましたし、グローブをはめ、サンドバッグを打つのは日常の業務のごとくでしたね。さすがにリングに上がってスパーリングこそ無理でしたが。

ボクシングは結構好きで、よくテレビ放送を見ていたのですが、まさか自分が実況放送することになるとは思っていませんでした。

放送日が近づくにつれ、心配は恐怖に変わっていきました。恐怖の中心はもちろん、ルクプラクリスです。果たしてイントロをとちらずに喋れるだろうか？

「ボクシングファンの皆様、今晩は。名古屋の金山体育館です。今晩は、日本フェザー級チャンピオン菊地万蔵対タイのシリノイルク……プリいやプラ、いやプリスの10回戦です……」

悪夢です。冷や汗かいて、目が覚めること数知れず。覚めてほしくない夢は見たことないくせに、覚めてほしい夢の連続でした。このノイローゼ状態を解消するにはどうしたらいいのか？　練習、練習、また練習。喋り続けるより方法なし。これぞたどり着いた放送の原点。喋り続けたのです。会社を出ると、自分の住んでいる千種区東山の寮までおよそ1時間。歩き続けて、喋り続けたのです。「皆さま今晩は。今晩は。日本フェザー級チャンピオン菊地万蔵対タイのシリノイ・ルクプラクリスの10回戦です」

始まってしまえば何とかなる。このイントロは命懸け。これさえうまく喋れれば何とかなる。そんな思いでした。さらに別方向に歩き始めて、気がつけば名古屋港。海の彼方に船の灯がチラチラなんてこともありましたね。

迎えた試合当日。放送の結果については、賛否両論。良いところもあれば、悪いところもありでしたが、まあ、初めてにしては合格点の評価だったような気がします。ただ一つ言えたことは、イントロも放送中もルクプラクリスだけはしっかり喋れたことと、とちらなかったこと。これだけは、自分で自分を褒めてあげました。

この最初の全国放送が、不器用な私の放送の原点。そして、「歩いて喋る」がそれ以降の放送のルーティンになりましたね。

時は1967年（昭和42年）1月3日、愛知県体育館。世界バンタム級タイトルマッチ、ファイティング原田の3回目の防衛戦。相手は、ロープ際の魔術師といわれたメキシコのジョー・メデル。世界タイトルの初の中継でした。暮れも正月もない、ただただ苦しい日々でした。

その2年前の1965年（昭和40年）5月18日。これも愛知県体育館。ファイティング原田は、当時黄金のバンタムと言われたエデル・ジョフレを凄まじい苦闘の末に破り、世界の王座につきます。このときの放送は下山アナウンサー。私はインタビュアーでした。そのときの視聴率は、63・7％と今では考えられない数字を弾き出しました。そうです。ボクシングの世界タイトルは、当時は黄金番組だったのです。

正月三日のゴールデン番組に起用されたわけですから、日々悶々と過ごしたのもおわかりいただけると思います。さらには、ファイティング原田選手のとても人間がやれるとは思えないような減量を間近に取材、原田を負けさせるわけにはいかない、負けたら自分のせいだなど、思い上がったプレッシャーを感じながらの放送でした。

苦戦しながらも、原田は防衛に成功。視聴率も53・9％とまずまず。放送内容も、後ろ盾の産経新聞社からべた褒めされ、改めて気持ちの良い正月を迎えるはずでした。しかし私にとっては、思いも寄らぬまさに晴天の霹靂ともいえる事態が起こったのです。私の先輩があるスポーツ紙を持って、「吉村君、これ見てごらん。君、三島由紀夫って知ってる?」

何のことか思い当たることもなく渡されたあるスポーツ紙のテレビ欄を見ると、何とあの文豪・三島由紀夫が私のボクシング放送について批評を書いているではありませんか。内容はこうです。「強いからこそチャンピオン。その強いチャンピオンに対して、アナウンサーがチャンピオン頑張れの絶叫は、チャンピオンに対して極めて失礼だ!」というものでした。

確かにピンチの原田に対して、原田頑張れと絶叫したことは否定しません。

この批評は、生意気なことを言わせていただけば、三島文学の一つの表れのような気がします。そうなのです。強いものは強い。美しいものは美しいのです。そう、私は三島文学に接したわけではありませんが、三島由紀夫の絶対的な美の観念、揺るがない信念、最期は信義を通しての割腹自殺。作品はともかく、その行動はとても凡人には理解不能なものでした。私はあの文豪・三島由紀夫に批評されたのです。こんな光栄なことはありません。心底良い勉強をさせていただいたと思います。ただし、そのときのショックは大変なものでした。

2　野球放送はすべての原点

私はスポーツ放送の原点は、野球中継だと思っています。

これには異論もあるのですが、これは私の遺言状です。自説を曲げるわけにはいきません。サッカー中継も競馬中継も、野球中継をうまく喋れずして良い放送はできない、と思っています。

「ラジオとテレビの放送はどっちが難しいですか?」とよく質問されるのですが、それについては、「どっちも難しいです」と無難に答えています。

私はある先輩に言われ、練習はいつもラジオ調でやっています。この練習のほうが、声がよく出るようになり、情景描写ができるようになると信じているからです。実は今でも、高校野球放送をお手伝いしている手前、長良川球場のスタンドで声を張り上げて練習していま す。たまに入社したばかりの後輩アナウンサーに実況練習をやってみろと促すのですが、恥ずかしそうに小さな声で喋り始めます。これでは練習になりません。ちょっとくらい大きな声を出しても周りの人には案外聞こえないものなのです。だからそんな後輩には腹が立ちます。アナウンスがうまくなるわけがありません。

こんなふうに偉そうに言ってもラジオで喋ったのは東海テレビ時代に2年間、高校野球の1年間だけでほとんどがテレビの中継です。あえて言わせてもらうと、ラジオ中継のほうが私にとってはやりやすい気がします。怒られるかな……。

そりゃあ、昔のＴＢＳの渡辺謙太郎アナとか、ニッポン放送の深沢弘アナとか、地元の東海ラジオの犬飼俊久アナのような職人技のようには喋れませんが、ラジオはある程度、自由奔放に喋れます。テレビには映像があり、映像に合わせた喋りが要求されるので自由に喋ることはできないのです。これは結構難しいのです。

ラジオ中継で、「これは大きい！　センターバック、センターバック……」と放送しても、テレビで見ればなんとも平凡なセンターフライだったりすることがよくあります。

「甲子園のネット裏に蝉の声が聞こえます」

テレビで満員のお客さんを映されると、蝉の声が聞こえるわけないだろう！と思っても、ラジオなら情感たっぷりに聞こえます。

これは実は、ラジオの手法の一つでもあり、つまりかなりの部分は話術一つで盛り上げることが可能です。テレビは映像が主役、アナウンサーは忠実な案内役たるべきなのです……。ちょっと言いすぎかな。

したがって野球中継は、ラジオ放送が原点。この練習せずして、一人前のスポーツアナウンサーにはなれない、と思っています。現役時代、いや今でも、「お前喋りすぎ。うるさいんだよ」とよく怒られます。ラジオ調で練習していましたから、どうしても「間」が取れないのです。

そうなのです。この「映像と喋りの間」がテレビ放送のすべてと申し上げてもいいと思います。これは自分にとって永遠の課題です。

ラジオは「話術」、テレビは「間」。どっちも難しいというのが結論ですかね。

最近は、見る側、聞く側に立つようになり、テレビで映像を無視してただ絶叫しているアナウンスを聞くと、昔の自分のことは忘れて腹が立ち、ボリュームを下げてしまいます。

聞くアナウンサーは選びますが、時折、ラジオ放送に耳を傾けることで、妙に落ち着いている自分がいることに気がつきます。年を取り、何だか原点回帰しているような気がします。

ここでは、野球放送の思い出をいくつか記してみたいと思います。

初めてのキャンプ取材では、杉浦清監督の逆鱗に触れてしまいました。

１９６４年(昭和39年)、私は入社2年目。杉浦監督のもと、和歌山県紀伊勝浦キャンプでした。

当時のキャンプ取材は現在のように全局張り付きで衛星を使って毎日どこのチャンネルでも

見られるようなものではありませんでした。ほとんどの局は2、3日の取材で、30分ほどのキャンプ特番をやるくらいだったと記憶しています。

張り切って臨んだ初キャンプ取材も、新聞記者数人、テレビ局は我が社だけ（もちろん他局は別の日に取材）。選手の数より報道陣のほうが多いじゃないかと思える現在とは隔世の感がありました。

正直、驚きました。「これがプロ野球チームのキャンプ地なの？」

メインのグラウンドは、私たちが草野球をやっていたグラウンドとほとんど変わりなく見え、レフト側はともかく、ライト側はなんと木々が繁る小山がすぐ間近に迫り、平凡なライトフライでも全部山の中。秘かにファンだったライト打ちが得意な伊藤竜彦選手の打球は、一体何発山の狸に命中しただろうかと思えるほどでした。

初めて見るキャンプですから、「ああ、キャンプとは修行なんだ。プロの選手はこんな所で修行している」と逆に感心したものでした。同行の先輩ディレクターは、ベル&ハウエル社の確か「アイモ」と呼ばれる手持ちのカメラで撮影。私は、俗に「デンスケ」という携帯用テープレコーダーでインタビューしていました。現在活躍されている若いディレクターやアナウンサーは、おそらくは見たことも使ったこともないような大きな道具で取材していたのです。

私にとっての「デンスケ」は命そのものでした。しかし、時にテープが詰まり、時には最悪動かなくなり、これはもう泣くしかありませんでした。

いよいよ先輩のディレクターに促され、杉浦監督にインタビューすることになりました。

杉浦清監督は、中京商業高校夏連覇、明治大学では四季連続優勝。華々しい活躍をした地元の大スターです。若僧アナウンサーの私は体の震えが止まりませんでした。

吉村「東海テレビ吉村と申します。この球場はライトが狭いですね？」（軽い振りのつもり）

杉浦監督「……」（むっとする顔）

吉村「こういう球場でやるキャンプは、どういう効果があるんでしょうか？」

杉浦監督「……」（ディレクターの方に向かい、こいつを何とかしろの表情）

吉村「すみません！　始めからインタビューやらせてください」（おどおど、こりゃもう駄目だ）

ついに先輩のディレクターに、この世のものとは思えないような形相で睨まれ腕を掴まれ引っ張られる。

ディレクター「何聞いてるんだ！　そんな話は聞くな！」

何とも情けないキャンプデビューでした。やり直してもうまくいくわけないですね。こうなると、何とか体裁はつけたものの、その夜のディレクターの怒りは最高潮。食事も喉を通りませんでした。何しろこのディレクター、大学時代はボクシングをやっていたそうで、一切抵抗できませんでした。

次の日、杉浦監督に謝りにいくと、さすがに監督も少し気が咎めていたのか、にこやかな応対。ほっと胸を撫で下ろしたものでした。これが私の初めてのキャンプ取材でした。

この年、チームは不振にあえぎ、序盤から下位を低迷。杉浦監督は途中休養、西沢道夫代理監督起用も2リーグ分裂後、初めての最下位という屈辱を味わうことになりました。

この勝浦キャンプの話は、暫くタブーのごとく話題にされることはなかったのですが、中日新聞社発行の『ドラゴンズ70年史』、最近刊行された『80年史』でも勝浦キャンプは失敗であったとはっきりと書かれており、歴史的にも証明がなされたわけで、私もこのエピソードを載せることにしました。かといって、杉浦監督の逆鱗に触れた私のインタビューは、力不足の結果であって、決して記憶から消し去ることはできません。当たり前です。

あのボクシングをやっていたというディレクターは途中退社され、その後、甲子園球場でばったり再会したときにはまるで人が変わったような穏やかな表情で、「よっちゃん、元気？」と声をかけられ、お互い何となく涙ながらに握手したのを覚えています。なお、この年の10月10日は、東京でアジア初のオリンピックが開かれ、国中がお祭り騒ぎに酔いしれていました。

3　野球中継デビューの日に土屋正孝がホームラン

私の初めての野球中継は１９６４年（昭和39年）、東京オリンピックの年でした。入社した１９６３年（昭和38年）の暮れ、ボクシング中継でスポーツアナウンサーとして、それも全国中継でデビューしました。翌年はもう先輩アナウンサーに交じって、野球中継のローテーションに組み込まれることになったのです。

表面上は、極めて順調なアナウンサー人生にも見えますが、心の内は妙な優越感と、本来の性格からくる劣等感の狭間で悩まされることになります。ある意味、その思いは今も続いているような気がします。それは、「私は本当にアナウンサーに向いているだろうか？」という心の声によるものです。

五十数年もアナウンサー人生を経験し、この年になった今でもそんな思いに駆られているなんて不思議に思われるかもしれませんが、毎年1回は、いや1回以上そんな悩みに苛まれ、そのときばかりはやけ酒に溺れています。これも性格ですかね。

それはさておき、１９６４年（昭和39年）の初の野球中継。対戦相手の国鉄と解説者である国枝利通さんの名前は覚えているのですが、どうしても日時が特定できないのです。何ともすっきりしないため、図書館へ出向き、新聞縮刷版を閲覧することにしました。ヒントは土屋正孝でした。

　私は子供の頃からどちらかというと、派手に華々しく活躍する選手より、ひっそり咲く花のようにちょっと地味目な選手を応援していたのです。きっと自分が応援することで、その選手を育てるんだみたいな気持ちがあったのでしょうね。子供のくせに生意気ですね。私は東京生まれの東京育ち。親父から３人の兄まで熱烈な巨人ファンでした。末っ子の四男坊である私に、巨人以外のファンの道は考えられません。ファン血統論、「ファンは血筋で決まる」が私の持論で、私が巨人ファンであったことは隠しません。

　しかし、名古屋に来てドラゴンズの中継をするようになってからは、ドラゴンズの選手を愛しドラゴンズを応援したことは、言うまでもありません。誤解なきよう、あえてお断りしておきます。

　最初に大好きになった選手は、巨人のセカンドで猛牛と言われた千葉茂でした。愛媛の松山商業高校出身。千葉選手が、派手な選手か地味な選手かは議論の分かれるところですが、当時の青田昇選手や野球の神様・川上哲治選手に比べれば子供のファンは少なかったと思います。そう、玄人好みの選手だったのです。失礼ながら、顔は地味め。普段の動きは牛のごとくいつももっさりした感じなのですが、ひとたびセカンドの守備につくや、その動きは俊敏なカモシカに変身。まさに名人芸の守りです。打撃はというと、おそらくほとんどの打球は、ライト方向に飛んでいく徹底したライト打ちでした。ファンの私としては、一度は首位打者を取ってもらいたいと、密かに応援していたのです。

１９５３年（昭和28年）、千葉選手は春先からライト打ちが冴え、確か夏場くらいまで打率トップで、毎日の新聞の記録を見るのが楽しみだったことを、今も覚えていますが、結局は夏場以降下降線をたどり、首位打者にはなれませんでした。千葉茂選手が活躍をしたのはそれが最後でした。現役引退後は近鉄の監督などを務めますが、球史に残るような活躍はありませんでした。

次にファンになったのは、やはりセカンドの内藤博文選手でした。彼はさらに地味で、失礼ながら決して一流選手ではありませんでしたが、ひょんなことからファンになったのです。後楽園に観戦に行ったあるときのこと。内藤選手の所へ飛んだファースト寄りの平凡なセカンドゴロを軽快に取り、野球の神様ファースト川上へ送球、しかし、川上落球。そのとき、川上が指をさして内藤を呼びつけ叱りつけるじゃありませんか……。そのようにスタンドからは見えました。

理不尽としか思えませんでしたね。あくまでも推測ですが、送球が早過ぎると怒っているのです。自分の守備の下手さを棚に上げてですよ……。そう私には見えたのです。以来、ますます内藤のファンになりました。

ショートの平井三郎選手も好きでした。深い位置からの矢のような送球、勝負強いバッティング。決して派手さはありませんでしたが、子供の私を引き付けるには十分な選手でしたね。平井三郎は、45歳の若さで亡くなりました。過去を振り返ると、私たちが憧れた千葉茂も内藤博文ももうこの世には存在していません。ずいぶんと私も年を取ったものだと痛感します。

そして、土屋正孝選手です。１９５４年（昭和29年）、長野県の松本深志高校から投手として巨人に入団。すぐ打撃を見込まれ打者に転向、サードでレギュラーになります。しかし、あの長嶋茂雄選手入団で彼はセカンドにポジション変更。ここにサード長嶋茂雄、ショート広岡達朗、セカンド土屋正孝の人呼んで、「１００万ドルの内野陣」が出来上がったのです。もっともファースト川上哲治（後に王貞治）で90万ドルくらいまで下がったとも言われていましたけどね。

１００万ドルの内野陣といえば、阪神の今牛若丸と呼ばれた吉田義男の全盛期。サード三宅秀志、セカンド鎌田実、間違いなく巨人の長嶋、広岡、土屋を上回る１００万ドル内野陣でしたね。もっともこれもファースト藤本勝巳、遠井吾郎で85万ドルくらいまで値下がりしたとも言われていました。

長嶋茂雄は、派手で実に華麗な守備。広岡達朗は俊敏で絵に描いたような美しい守備。土屋正孝の守りは、長身で一つ一つの所作が歌舞伎役者の段取りのようにゆっくりと流れるような動きなのです。魅せられました。大ファンになりました。打撃のその豪快な構えからか、あるいはベンチでいつも眠そうな目をしているからかどちらかわかりませんが、「眠狂四郎」とあだ名が付けられました。

時に良いところで打ちはしましたが、全体に打率は上がりませんでした。巨人には1960年（昭和35年）まで。1961年（昭和36年）からは当時の国鉄にトレード。移った当時はよく打ち、一時は長嶋と首位打者争いをしたこともあったのですが、長くは続きませんでした。

土屋正孝選手をヒントに新聞の縮刷版から、私の野球中継デビューは1964年（昭和39年）5月7日、対国鉄4回戦だったことがわかりました。解説は国枝利通さん。岐阜県立岐阜商業高校、明治大学、社会人野球、ドラゴンズでは強打のセカンドとして活躍。引退後、東海テレビの専属解説者。その試合は投手戦で、1対1で延長戦になったのです。したがって私の放送は、勝負の決着がつかず時間切れで放送終了。

放送時の内容はさっぱり覚えていないのですが、その印象深い決着に、忘れることのできない試合になったのです。延長11回、ドラゴンズの投手はリリーフの権藤博（後に解説者として大変にお世話になる方）、そしてバッターボックスには、途中出場のあの土屋が2度目のバッターボックスに入りました。

その頃の土屋はもう下降気味、ほとんど代打か守備要員でしか使われていませんでした。

私の最初の放送とはいえ、あんなに大ファンだった土屋の出場も何かの縁なんだなと思うくらいで、別に大した感動もなく放送も終わり、帰りの時間と明日の上司の反応を気にしながら漫然と見ている状態でした。

事件（?）はそのとき起こったのです。

あの土屋正孝が、権藤投手のストレートを鋭く一閃、打球はレフトスタンドへ。エッ！あの土屋がホームラン！　全盛期を彷彿させるような豪快な見事なホームラン！　茫然としながらも思わず涙が出ました。あの私の土屋が、私の放送デビューの日にホームランを打つとは！　しかも結果的にはこれが決勝点になったのです。

当時はまだ放送席もスタンドの上部にはなく、正面入場口の上の仮設放送席、つまりドラゴンズファンに囲まれている状態の中、私吉村功は思わず立ち上がり、周りのスタッフの制止も聞かず、若気の至りで恐れを知らず声高らかに「土屋！　万歳！　万歳！」と叫んでいたのです。

これが私の野球放送デビューでした。

土屋はその年、69試合に出場。たった1本しか打てなかったホームランを私の放送デビューの日に打ってくれたのです。土屋は翌年、１９６５年（昭和40年）、阪神にトレード。その年をもって現役を引退しました。

4　峰竜太さんとキャンプ共同生活

１９８８年（昭和63年）、沖縄での一次キャンプを終えたドラゴンズは、アメリカ大リーグ・ドジャースのキャンプ地、フロリダのベロ・ビーチで二次キャンプを張ります。ドラゴンズにとっては2回目の海外キャンプです。

そしてこの年は、星野監督の采配も冴え、落合、宇野、立浪の強力打撃陣に加え、小松、小野の投手陣に、なんといっても抑えの切り札、郭源治の獅子奮迅の活躍が顕著で、６年ぶり4回目のリーグ優勝を果たすことになります。それに気を良くしたのか、翌年から４年連続の海外キャンプ。場所はなぜかベロ・ビーチとはころっと変わって、前半だけオーストラリア・ゴールドコーストでキャンプを張ることになります（後半は沖縄）。

最初のゴールドコースト・キャンプには、私も行かせてもらったのですが、取材陣とは別班で当時のスポーツ局長の橋本洋氏、そしてタレントの峰竜太さんと三人での出張でした。実は峰竜太さんは、前年から始まった中日ドラゴンズ応援番組「ドラゴンズＨＯＴスタジオ」のキャスターに就任。我々二人は、峰さんの現地キャンプ取材のいわばお供みたいなものだったのです。

今でこそ、大御所の峰竜太さんですが、当時はまだ若く、特別待遇などないばかりか、お供の我々のほうが威張っていたかもしれません。その上、経費削減で橋本局長が東京の友人から無料で借りた別荘での自炊の共同生活だったのです。わずか1週間とはいえ、とんでもなく無礼な話です。

その峰竜太さんとの間には思い出があります。この5年ほど前、東海テレビに初のスポーツ局が誕生。私もスポーツ局に異動し、アナウンス兼務でスポーツ部員として、ほんの少々ディレクター業務もすることになり、なぜかこの「ドラゴンズHOTスタジオ」の手伝いを命じられたのです。

今思えば、この「ドラゴンズHOTスタジオ」というネーミングも、当時のスタッフ一同、頭をひねって考え出したもの。それが四半世紀を超える長寿番組になったとは、感慨深いものがありますね（現在は、「ドラHOTプラス」）。

番組の評価のかなりの部分が、キャスター次第で決まることが多いのは、今も昔も変わらないのですが、90年代に入って、アナウンサーの正確できっちりした喋りの司会からタレントの個性に頼る時代へと移行し始めた時代でもあったような気がします。

アナウンサーである私にとっては複雑な気持ちもあったのですが、スポーツ局の一員としては、「ドラゴンズＨＯＴスタジオ」のキャスター探しが当然のごとく最初の仕事でしたね。

ある日、担当のディレクターが私にこう問いかけてきました。

「吉村さん、峰竜太って知ってます？」

「誰？　それ！　竜雷太なら知ってるけど。峰竜太は全然知らない！」

本当に全く知りませんでした。

「『西部警察』の〝イッペイ〟ですよ！」

「イッペイ？　知るか！」

ますますわかりませんでした。

そのディレクターが言うには、彼は長野県出身。現在は（当時）石原プロに所属。テレビドラマ「大都会」や「西部警察」（役の名前がイッペイ）等、石原プロのドラマに出演。そして何より、大変なドラゴンズファンだとか。

「吉村さん、『ドラＨＯＴ』のキャスターにぴったりだと思いません!?　一度、一緒に会いに行きませんか？」

結局、手綱を引かれ、そのディレクターと一緒に峰竜太なる人物に東京まで会いに行くことになったのです。そしてこれが、峰竜太さんとの初めての出会いであり、彼と東海テレビとの長い付き合いの始まりでもありました。

生意気なようですが一目見て、この人なら十分キャスターを任せられると確信しました。さらに話が進むにつれ、その性格の素晴らしさ、優しい笑顔に引き込まれていく自分がいたのです。そして、とてつもなく漠然とではあるのですが、大きな可能性を感じました。何よりこの人柄なら、我々スタッフともうまくいくだろうと思いましたね。これって大事なことなのですよ。事実、その後のスタッフの付き合いで、誰からも愛され、それこそ峰さんを嫌いだと言った人は皆無だったんじゃないでしょうか。私とは正反対、羨ましかったです。かくして峰竜太の「ドラゴンズＨＯＴスタジオ」が始まりました。

そんな経緯があって峰竜太さんとゴールドコースト・キャンプを同行取材することになりました。

借り別荘の自炊生活。これは峰さんなくしては考えられませんでした。朝、コツコツとかシャリシャリとか妙な音で目が覚め、不吉な予感を覚えながら階段をソッと下りていくと何と峰さんがどこから探したのか箒と塵取りでかいがいしくも部屋の掃除をしているではありませんか。それどころか、食卓にはいつどこから買ってきたのかトースト、目玉焼き、野菜サラダが並び、コーヒーが湯気を立てているじゃありませんか。

峰さんいわく、「私は綺麗好きなんですよ。朝飯はいつも自分で作って奥さんに食べさせてますから」。そう。昼飯、晩飯は外食で何とかなりますが、朝飯は誰かが作らないと食べられませんものね。我々二人の頭の中には、朝飯の「あ」の字もありませんでした。何ともおいしい温かな朝食でした。

大御所になった峰竜太さんをテレビで見るにつけ、この光景を思い出します。おそらく今でも、もし峰さんとこういう状態になったら、そんなことはあり得ないのですが、峰さんは掃除をして朝飯を作ってくれるに違いありません。今でも驕ることなく、優しく笑顔で接してくれる。これが峰竜太の人気の秘密だと思うのです。

「ドラゴンズＨＯＴスタジオ」については、初代アシスタントにも思い出があります。この女性を誰が選んで連れてきたかは全くわからないのですが、突然「この子がアシスタントをやるからね」と橋本局長から紹介を受けたのです。少々ムッとした事態ではあったのですが、その女性アシスタントの素朴な笑顔やあっけらかんとした話しぶりにのせられ、何となく彼女に決定。かくして峰竜太の「ドラゴンズＨＯＴスタジオ」は、１９８８年（昭和63年）4月に始まりました。

その女性アシスタントは三重県出身で、なんとタイガースファンだそう。「なんちゅうこった」と思いながらも、その愛嬌あるユーモア溢れるアシスタントぶりで、峰さんとの相性も良く、結構好評だったのですが、１年もしないうちに辞めてしまったのです。理由は忘れてしまいました。そして別のアシスタントで何の支障もなく番組は続き、その人の存在すら忘

ゴールドコーストで峰竜太さんと（1989 年）

れてしまっていたのです。

それから暫くして、何気なく茶の間でテレビを見ていると歌番組にあるアイドルグループが登場。女房から、

「最近、人気急上昇なのよ」と言われても、あまり関心もなく、ただ漠然と見ていると突然の衝撃！

「おい！　この真ん中にいるボーカルの子誰!?」

女房いわく、『リンドバーグ』の渡瀬マキよ。知らないの？」

本当にびっくりしました！　あのアシスタント！　あの子が！　渡瀬マキ！が「リンドバーグ」のボーカルをやっていたのです。いや、あの渡瀬マキ様が「ＨＯＴスタジオ」のアシスタントだったのです。この話を今の若い人に話すと、「エッ！　嘘！」と驚かれます。「リンドバーグ」がどれほど凄く、どれほど人気があったか、あまり理解していない自分にとって、その驚きが逆に理解できませんでした。


実は、この話とは全く関係ないのですが、もう一つ驚かれる話があるのです。小学校時代の話で６年のとき、隣の席におとなしくどちらかというと地味な女の子がいました。絵を描かせたら間違いなくクラス一、いや全校一番だったかもしれません。私は絵が下手、字も悪筆。

習字、絵の時間は最悪でした。したがって、絵を描くとなると人に頼るしかありませんでした。

私はその隣の席の彼女に、「三橋さん、絵の下書き描いてよ。頼む」。すると三橋さんは嫌な顔一つせず、すらすらとまるで魔法のごとく、下書きを描いてくれたのです。その時の三橋さんは光輝いて見えましたね。後年、彼女は漫画のベストセラー『チッチとサリー』や『小さな恋のものがたり』などを描いたみつはしちかこ（三橋千禾子）として知られるように。有名な漫画家になったと、これも後で友人に聞いてびっくりしました。しまった！あの下絵とっておけば良かった、そう思っても後の祭り。この三橋さん話も結構、「エッ、あのみつはしちかこと同級生だったの！」って驚かれますね。

ずいぶん話がそれましたが、峰竜太さんのこれからの一層の活躍を祈ってこの項は終わりとします。

5　江藤慎一の〝おなら〟

ドラゴンズキャンプの思い出はたくさんあります。むしろ、今懐かしく思い出されるのは、試合そのものよりキャンプ中の様々な出来事かもしれません。もちろん、名古屋のローカルアナウンサーとしては、ドラゴンズのキャンプ中心ということになるのですが……。

前述の勝浦キャンプの後は、四国松山にキャンプが移ります。ドラゴンズの伝説の打者、西沢道夫さんが監督の頃でした。伝説の打者と記しましたが、実は投手としても20勝を記録している投打にわたるスーパースターで、背番号15は永久欠番になっています。

西沢監督は、我々のような若手にも分け隔てなく接してくれた優しい方でした。確か1年目のキャンプだったと記憶しているのですが、この温暖な地では珍しく雪に見舞われ、報道陣も総出で雪かきをしたのも遠い思い出の一つです。

昔のキャンプと言えば、現在のような朝から晩までの練習漬けのキャンプではなかったような気がします。もちろん、手抜きの練習をしているわけではないのですが、もう少しのんびりしていたような雰囲気がありましたね。

松山といえば、道後温泉を中心とした観光地。夜はといえば、ネオンまぶしい歓楽街。我ら若手には、目に毒な光景ばかりでした。秘かに夜を楽しみにしていましたが、金もなければ勇気もなく、歓楽街に足を運ぶことは意思に反してほとんどできなかったです。純粋で初心な時代もあったのです。

ある夜のこと。ドラゴンズの主力選手の一人が、若手の我ら二人、たぶん私と1年後輩の新田紀典アナだと思います。どういう経緯かは忘れましたが、街に連れ出してくれたのです。

これは嬉しかったです。

その選手とは法元英明さん。当時のドラゴンズの代打の切り札であり、現役引退後は敏腕スカウトとして、岩瀬仁紀投手をはじめ数々の名選手を入団に導いた、ある意味ドラゴンズ栄光の歴史の中に名を連ねているお一人でしょうね。

現役の選手と初めてグラウンドを離れての交流でした。選手はスター、我々若手はその存在を遠くから見る傍観者であると思っていただけに、グラウンド以外で、お酒を飲みながらする会話は、正直大袈裟ではなくその後の野球取材に物凄い影響があったような気がします。

今では当たり前のことなのですが、当時、我々は純粋で初心だったのです。今もなおご健在の法元さんとは、大学野球等の取材でたまに一緒になります。この話で結構盛り上がりますが、実は書けないこともたくさんあるのです。そのへんのことはご想像にお任せします。

当時の取材はといえば、監督は別として選手へのインタビューは結構自由でした。選手がちょっとした練習休みに、個人的に突撃取材することは可能だったのです。やがて私が最大の味方となるドラゴンズの名物広報、足木敏郎さんが登場する前の時代の話です。

これも失敗談の一つですが、当時主力の投手の一人に、山中巽がいました。ドラゴンズファンならご存じかと思いますが、最高勝率を2回も記録した好投手でした。その山中選手の練習休みに突撃取材です。

吉村「山中さん、東海テレビの吉村です。少しお話よろしいですか?」
山中「ああ、少しだけならね。いいよ」（しめた！　よく断られることがあるのです）
吉村「あれ、少し太りましたね。山中さん」（軽い振りのつもり）
山中「……」（明らかに不満の表情）

後は、けんもほろろの対応に、使えるインタビューにはなりませんでした。暫くは、怒られた意味がわからず、その後も口を聞いてもらえなくなりました。やがて山中投手は現役引退。球団職員として働くことになったのですが、あるとき、球団事務所で山中さんとばったり会い、やっと事情がわかりました。まさに私の不徳のいたすところで、彼はその当時、すぐ太りすぎる体質のため、減量の真最中だったのです。そんなこととはつゆ知らず、何とも配慮に欠けた質問。怒るのは当たり前です。軽い振りは失敗のもと。それ以降、最初の質問には十分気をつけるようにしています。

１９６９年（昭和44年）からは兵庫県明石市がキャンプ地になります。あの名監督の一人、水原茂さんがドラゴンズの監督に就任。大スターは江藤慎一選手でした。１９５９年（昭和34年）に中日ドラゴンズに捕手として入団。両リーグで首位打者になったプロ野球を代表する名選手でしたが、感情の起伏が激しく、我ら若手は極めて苦手とする選手でもありました。

ある日のこと、練習も終わり宿舎で何をしようかぶらぶらしていると、当時の解説者、原田督三さんから声をかけられました。かつてのドラゴンズの名外野手としてならした方です。その原田さんから、今からドラゴンズの宿舎に江藤選手を訪ねるので一緒に行かないかという誘い。私としては丁重にお断りしたいところだったのですが、断る言葉が見つからず、お供することになったのです。

「デンスケ」を持ち、山中巽投手にインタビュー（1965 年）

当時、宿舎は和室。部屋に入ると、どーんと胡坐をかいて座っていた貫禄十分の江藤選手がいました。さすがに大先輩の原田さんがいらっしゃった手前でしょうが、正座して実に礼儀正しい受け答え。我々にもいつもそうしてほしいものだとそのときは思いましたね。

江藤選手も上機嫌。妙に話は弾み、嬉しかったです。

吉村「東海テレビの吉村です。練習が終わって、夕食前のこの時間は何をされているのですか？」（勇気をもって質問）

江藤「いや、実は今あることを実験中なんですよ」（実に和やか）

吉村「バッティングのことですか？」（しめた！　これはネタになる）

江藤「いやいや、野球のことはもう終わり。この時間は全然別の研究なんですよ。実は〝おなら〟が燃えるかを実験中なんです。やってみますか？」

吉村「おならって、あのおならですか？」（意味がわからず）

江藤「そう。おならですよ。おならをしてこれを素早く壜詰《びんづ》めにするんですよ。そしてマッチで火を付ける。これがね、燃えるんですよ」（少し呆れてきた。ネタになるか！）八割方、成功してますよ。やってみますか!?」

吉村「いや、結構です。面白い研究ですね」（ちっとも面白くない）

早々に退散です。原田さんもさすがに呆れていました。

江藤慎一選手はその年のオフ、水原監督との確執もありドラゴンズを去ることになります。ロッテに移籍後も首位打者を獲得。その後数球団を渡り歩き、時には監督兼任までして頑張りましたが、１９７６年（昭和51年）に現役引退。その後、静岡県天城湯が島町に日本野球体育学校を設立、若者たちを育てることに意欲を見せます。

私も取材に行ったことがありますが、そこには、あの現役の頃とはまるで表情も言葉遣いも１８０度変わった、静かに訥々《とつとつ》と語る江藤選手がいたのです。闘将と言われた江藤選手の姿はすっかり消えていました。むしろあまりの気遣いに、何だか少し寂しくなってしまった思いがありましたね。

１９７４年（昭和49年）、ドラゴンズは与那嶺要監督のもと、20年ぶりのリーグ優勝を果たします。巨人は10連覇ならず、長嶋選手引退。川上監督も勇退。日本の球史に残る節目の年になりました。

その翌年の１９７５年（昭和50年）、ドラゴンズは史上初の海外キャンプを張ることになります。アメリカ、ブラデントンのパイレーツ球団との合同キャンプです。当然各局とも取材陣を送ることになりました。

東海テレビからは、私とカメラマンの二人だけでした。当時、通常のニュース取材は最低でも三人。ディレクター、カメラマン、アナウンサー、場合によってはカメラマン助手を加えての四人くらいまでで取材体勢を組んでいました。もちろん、取材対象によっては人数も違いますし、現在はどんな取材態勢になっているのかは知るところではありません。

当時はまだフィルム取材の時代です。映像は極めてカメラマンの腕次第によるところが大きく、カメラマンはまさに職人、芸術家のような存在でした。私が若い頃は、社内で何が恐ろしいかといえば、社長やディレクターではなくカメラマンにつきました。

テレビは映像が勝負。フィルムを現像してみないことには、映像の良し悪しどころか、いや本当に映っているかどうかもわからないわけですから、フィルム時代のカメラマンたちは極限の状態で勝負していたのです。

もちろん、１９６５年（昭和40年）から１９７５年（昭和50年）にかけてのいわゆる映像のＥＮＧ（Electronic News Gathering）革命。フィルムからビデオの時代に移っても、カメラマンの腕が映像に大きな影響があることは間違いありません。こんなことを言うと怒られるかもしれませんが、カメラマンの職人気質は昨今少し薄らいだ感があります。

スポーツカメラマンは、まさに一瞬の勝負を撮影するわけですから、これはもうスポーツをよく理解することは当然、加えて、高度な瞬発力が要求されます。野球ではバッターが打ったボールや、ゴルフではゴルフボールをカメラで追って捕らえなければならないのです。

私が同行したカメラマンは、このスポーツカメラマンの分野では日本屈指の高野孝治さん。腕に関しては問題なしですが、気難しい点でも社内ではよく知られた方でした。これは二人だけの10日あまりの恐怖のアメリカ取材でした。などと……、高野さんについて失礼なことばかり申し上げましたが、実に思い出深いキャンプ取材でもありました。早くに亡くなられましたが、ご健在なら、当時の話をつまみにおいしいお酒が飲めたに違いありません。

ブラデントンのパイレーツのキャンプ地は、日本では想像できないような四面のグラウンド。パイレーツとの合同キャンプと言っても、そのうちの一面を借りての練習で、特に同じグラウンドで合同の練習はなかったです。そのあたりはチョット拍子抜けでした。

フロリダの日射しは強く、1日の取材は結構過酷でした。当時は衛星などなく、撮影したフィルムはなんと航空便で日本へ。さらにピンポイントで、名古屋の東海テレビまで運んでもらったのです。本当に到着するのだろうか。今思えば気の遠くなるような話です。

4、5日後にあった本社からの国際電話で、「フィルムが到着した」と一言。それが、どれほど励みになったことか。撮影が終わると、私はキャンプを最後まで見届ける役目。航空便にフィルムを載せないといけないため、カメラマンの高野さんは毎日近くの飛行場までフィルムを届けに行かなければなりませんでした。高野さんは、日本語はべらんめー口調。英語は「アイラブユー」しか喋れない方でしたから、航空便の手続きができたのかどうか、帰ってくるまで心配でした。しかし、これは杞憂に終わりました。毎日、文句一つ言わず飛行場に行かれ、平然と帰ってくる姿には改めて頼もしさを感じました。

後半は、各地を転戦してのメジャー球団とのオープン戦。アメリカ・メジャーリーグの伝説の選手を何人か見ることができました。一人は、フィリーズのマイク・シュミット。ナショナルリーグで８回のホームラン王になった伝説のバッターです。

しかし、ここでとんでもない事件が起こりました。確か、記憶ではドラゴンズは渋谷投手が初回にいきなりデッドボール。シュミット選手が手首を押さえ、うずくまってしまったのです。これには渋谷投手ばかりでなく、両球団の首脳陣が青くなりました。メジャーの大打者が手首骨折ともなれば、アメリカスポーツ紙の一面の出来事になります。結局、大事には至らなかったのですが、お陰でシュミット選手のバッティングは見ることができませんでした。

別の日、レッドソックスの三冠王、カール・ヤストレムスキーのホームランは目撃できました。レッドソックス一筋、最後の三冠王と言われていましたが近年タイガースのカブレラが三冠達成で、その呼称は消えてしまいました。ロバート・レッドフォード似の端整な顔立ち、何とも優雅な佇まい、そして究極とも言える美しいフォームからのバッティング。一目で魅了されましたね。

高野カメラマンは、突然のごとく「よし、ライトスタンドに行こう。ヤストレムスキーのホームランを撮る」と言い出したのです。言い出したら誰も止められません。ライトにスタンドはあるのですが、地方球場でもあり観客が入れるようなスタンドではありませんでした。しかもライト側は近くに沼があり、危険な動物がいるので（それは蛇だか鰐だか知りませんが）近づかないようにと言われていただけにちょっとビビリました。高野さんは委細構わずライト側へ歩き始めます。私は仕方なく、三脚を持って後を追いかけます。

ライトスタンドのほんのわずかな隙間に三脚を置いて、高野さんがスタンバイした直後、なんというタイミングでしょうか。ヤストレムスキーの打球がライナーで右中間に飛んで来たのです……。

後日、日本に帰ってこの映像の素晴らしさに感動しました。それは、各局の間でも評判になるほどでした。当時はまだ、テレビの野球中継もＰ－Ｃライン（ピッチャーとキャッチャー）のキャッチャー側、つまりネット裏のカメラがメインだったのです。やがて、現在見慣れているセンター側がメインに変わる。これは野球中継の革命とも言われているのですが、つまり高野カメラマンはその先取りをしたわけです。改めて高野カメラマンのセンスというか、動物的な勘というか、その判断力、実行力に感動でした。野球よりも、高野カメラマンの思い出のほうが多いアメリカキャンプ取材でした。

6　落合博満選手の「オレ流」キャンプ

１９８７年（昭和62年）、第一次星野ドラゴンズが誕生しました。その前年のオフ、就任間もない星野監督は、実に思い切った手を打ったのです。ロッテで３回の三冠王に輝いた大打者・落合博満の獲得でした。それも奇想天外とも言うべき、牛島、上川、平沼、桑田との１対４のトレードだったのです。少し大袈裟に奇想天外と書きましたが、今考えてもこの発想と決断は星野さんにしかできないのではないかと思えるからです。異端児とも革命児ともいわれる落合博満のドラゴンズ時代の始まりでした。

ドラゴンズの野球中継に関わってから、いろいろな人から「選手の皆さんと飲みに行ったり、遊びに行かれたりして羨ましいですね」とよく言われましたが、個人的な付き合いなんて意外とないものです。自分がシャイな性格で、あまりそういう付き合いが得意ではなかったことと、アナウンサーとして個人的な付き合いから喋りに偏見が出そうな気がしたからです。

落合選手との付き合いも言われているほど親しいものではなく、付かず離れずのもの、いわば、落合選手と自局との交渉役のようなものでした。たとえば、オフのときのテレビ出演交渉とか、自宅へのお迎え等は、多くは私がやっていました。

落合選手との付き合いの中で、いつかこんなことを言われたことがありました。「俺と付き合うなら、ルールを守ってくれ。ルールさえ守ってくれれば、君の言うことを聞こうじゃないか」。これだけは絶対に守りました。だから、付かず離れずになったんでしょうね。

忘れられない思い出はたくさんあります。ファンの中には、「落合選手は、練習嫌い。キャンプでもほとんど練習せず、早々と宿舎に帰っちゃう」と思っている方が結構多くいるみたいですが、これだけは真面目に否定させていただきます。天才は一夜にしてならず。努力なしに才能を開花させることなどあり得ないのです。むしろ彼は努力の人だと思います。ただ、怒られるかもしれませんが、その努力の仕方が「オレ流」だったのです。

入団4年目の1990年（平成2年）、長野県下伊那郡阿智村の昼神温泉。落合選手のシーズンの始動は、いつもここからでした。いつの間にか、落合選手の自主トレ始動は私が取材に行くことになってしまったのですが、この年の始動は異様なものになりました。前日から集まっていた我々報道陣を前に落合選手は、「明日の自主トレ開始は3時33分にスタートするからな」と言い放ったのです。誰かが聞き返しました。「午後3時33分ですね？」

落合選手は平然と、「朝だよ、朝の3時33分だよ」

記者「なぜ、3時33分なんですか？」

落合　「3といえばわかるだろう！　今年こそ4回目の三冠をとるためだよ」

落合といえば三冠王。ドラゴンズに来てからは、そこそこの成績を残しているとはいえ、三冠には届かずその意地とプライドからの三冠奪取宣言だったのです。それにしても語呂合わせとはいえ正直迷惑な話で、この時節の長野県は雪も積もり、朝といえば氷点下。とてもじゃないですが、布団脱出には相当な覚悟がいります。冗談とも本音とも付かない発言に、ついには夜まんじりともできずに、我がスタッフもそれなりの準備を整えて、そのときを待ちました。

1月17日。落合選手と集まった50人の報道陣との世に有名な未明の雪中行軍の始まりです。私は「プロ野球ニュース」のリポートをするため、気の利いた若いディレクターが用意してくれた大きな時計を手に持ち、朝3時から宿舎の前で待機。案の定、雪がちらつき始め、なんと氷点下5度です。体全体が凍り始める中、3時33分、防寒対策十分な落合選手が登場。颯爽と歩き始めたのです。私はその大きな時計をカメラに向けながら、

吉村　「落合選手が出てきました。3時33分きっかりです。本音とも冗談とも付かない落合選手の3時33分の自主トレ開始です。1990年（平成2年）の三冠をめざす落合選手のシーズンが始まりました……」。こんなリポートだったと思います。

積雪10センチほどの真っ暗な山道を、落合選手と私を入れた50人の報道陣の、ただ沈黙が支配する妙な散歩でした。およそ5キロ、50分ほどのこの散歩。落合選手の真意はどこにあっ

たのか。いまだによく理解できないのですが、妙に思い出に残る昼神温泉の雪中行軍でした。

ちなみに、落合選手はその年、ホームラン王と打点王の二冠獲得も、三冠はなりませんでした。翌1991年（平成3年）は、第一次星野ドラゴンズの最終年になった年でした。

この頃、星野、落合の確執が世間を騒がせていましたが、この話だけはあまり触れたくありません。人間、四方すべて丸く収まる人なんかいません。私自身の感覚でもマスコミが騒ぐほど、二人の間が不仲だとは思っていません。

たとえば、昼神温泉での自主トレ期間中の落合選手の囲みの記者会見があったとき、そこで話題になったのは星野監督指令のウェイトの自主規制の話。落合選手は、自分には自分のウェイトの調整があると持論を語ったのです。

詳しくは覚えていませんが、次の日のスポーツ新聞を見てびっくり。「落合、監督批判!!」と大見出しになっているではありませんか。私の耳には、監督批判にはちっとも聞こえなかったのに。持論を述べただけ……と私は思いました。この新聞を見た二人の間に、妙な空気が流れてもおかしくない状況でした。これ以上は止めときます。今度は同じ釜の飯を食っているマスコミ批判になっちゃいますものね。

1991年（平成3年）に落合選手はアメリカ自主トレを敢行します。カリフォルニア・サクラメントにいるかつてのロッテ時代の同僚、レロン・リー（弟は元ロッテのレオン・リー）選手の自宅を拠点にしての自主トレでしたが、奥さん、息子さんも一緒で観光を兼ねてのものでもありました。実はこの独占取材権を獲得したのは、私どもの東海テレビで、そしてこれに乗っかってくれたのが、フジテレビの「プロ野球ニュース」だったのです。当時は「プロ野球ニュース」全盛だからこそ実現できた話でしたね。

1月16日、落合家出発。私とフジテレビの田中ディレクターとカメラマンの三人が同行しました。どれくらいの独占料を払ったかは、私は知りませんが、サクラメントのレロン・リー家に着いてほっと一息のはずが、また大問題に直面することになりました。

レロン・リーが、ギャラを要求してきたのです。考えたら当たり前のような気もしますが、これには私も慌てました。しかし同行の田中ディレクターは、少しも騒がず、「ハイ、わかりました」とあっさり条件をのんだのです。さすがフジのディレクターは違うなと感心しきりでしたが、後日聞いてみるとこれは予期していなかったと大いに慌てたそうです。しかしその条件を我々がのんだ後は、まさにビジネスライクの国、取材には気持ちよく応じてもらえました。

アメリカ取材は楽しかったのですが、実はその年は、世界中を震撼させた大事件が勃発していました。湾岸戦争です。テレビは一日中戦争のニュースばかり。新聞は、隅から隅までフセインがどうした、戦況はどうなっているかといった記事ばかりでした。しかしアメリカは広い。あちこちで決起集会が開かれたりはしていたのですが、サクラメントの町の人たちは、慌てず、騒がず、何か第三者的な感覚で湾岸戦争を見ていたようです。戦争中という危機感みたいなものは全然感じられませんでした。したがって、取材も順調に進みました。すっかり協力的になったレロン・リーも弟のレオン・リーを呼んでくれ、三人でゴルフをやったり、時には落合家総出で、まだ小さかった息子の福嗣君と凧揚げ大会をやったり、自主トレ取材というよりは、落合家の観光旅行記みたいな取材でしたね。

我々は一週間ほどで落合家より先に帰国。落合一家は29日に帰国。主力の参加するゴールドコーストには行かず、二軍がキャンプを張っている宮崎串間キャンプに参加します。これも落合オレ流の一つで、寒い場所から暑いゴールドコーストでの調整はできないと、自ら串間キャンプを選んだのです。実力の世界とはいえ、なかなかこうは主張も通りません。さすが落合ですが、星野監督にとっては面白いはずはありませんね。マスコミ的には、格好のネタだったに違いありません。

湾岸戦争で大騒ぎのこの頃、落合博満は野球界を騒然とさせる大きな戦いに挑んでいました。そう、それは日本人初の年俸調停闘争でした。キャンプ後半の沖縄で、落合は一軍に合流。当時のドラ番記者の大いなる関心は、落合選手の年俸調停にありました。まだ球団と年俸で折り合いがつかず、自費でのキャンプ参加になった落合選手は、１９９1年度の年俸についてセントラルリーグ会長に調停を求めたのです。日本人初の出来事でした。

2月15日、沖縄キャンプ視察中の当時のセントラルリーグ川島会長に、調停申立書を提出。沖縄特有のスコールで激しく雨が降っていたその日の夜、私も歴史の目撃者になりました。取材に応じた落合選手は、我々が驚くほど明確に年俸の額を公表したのです。

１９９０年度の年俸1億８０００万円に50％アップの2億７０００万円を要求する落合選手に対して、2億２０００万円を提示した球団。今ならそう驚くほどの額ではないのですが、当時の我々の現実とはほど遠い金銭感覚としか言いようがなく、あまりにすらすらと額の差を発表した落合選手に、ただ茫然としてしまった覚えがあります。

その映像を土砂降りの雨の中、沖縄のテレビ局に運び、「プロ野球ニュース」の中で私も出演して放送。当時のプロ野球ニュースのキャスター野崎君が、「エッ、額公表したんですか!?」とびっくりした顔をまだ覚えていますね。

どっちが勝つのか!?　日本中が注目する中、ご存じの方もいらっしゃるかと思いますが、結局球団側の提示が適正と認められ、落合選手はその日のうちに契約書にサイン。次の日からはまるで何ごともなかったかのようにプレー。その調停の結果には何のコメントもしませんでした。実力者ならではの勇気ある主張だと思いました。

7　星野仙一投手との出会い

ドラゴンズの長い歴史の中には、たくさんの名選手、名監督がいました。私も放送を通じて、多くの選手や監督に接して、いろんな思い出を持つことができました。もちろん、苦い思い出もたくさんあります。その中でも、この方の思い出をたどると、それは何だか自分の放送の歴史そのもの、いや人生そのものの歴史のような気がするのです。

その人の名は星野仙一さん。彼が現役の選手として、また監督として私が関わり合ったことは、特に親しい間柄というわけではないのですが、強烈と言ってよいほど胸に残っています。そう、それは取材者としての関わり合いというより、むしろ傍観者として、あるいはファンとして星野仙一の時代を見つめてきた思い出と言ったほうが正しいかもしれません。

星野仙一選手がドラゴンズに入団したのは1969年（昭和44年）。監督はあの水原茂です。これまでたくさんの監督、選手にインタビューしてきましたが、その選手の初めての取材のことなど、ほとんど記憶に残っていないのに、星野投手の最初のインタビューだけは実にはっきり覚えているのです。

場所は、そのときのキャンプ地、明石球場のスタンドです。私はまだ20代後半とはいえ、結婚もしてスポーツアナウンサーとして少々の自覚が芽生え始めた頃、簡単に言えば生意気盛りに突入した時代でした。なぜスタンドだったのかはよく覚えていないのですが、若いルーキーの星野投手にはすでにオーラがありました。

いや、オーラというより、今のロマンスグレーの柔和な顔からは想像できないような（怒られるかもしれませんが）、何か背筋がぞくっとするような狂気を感じました。体は細く顔はげっそりとやつれ、眼光鋭く瞬き一つしない、その強烈な印象は、いまだに胸に残り忘れられません。圧倒されたのと同時に、これはこの男にはあまり近づかないほうが無難かなと正直思いました。ごめんなさい。

しかし、インタビューすればはきはきと大きな声で口数少なく簡単明瞭。いかにも頭が良さそうな答えで少し安心したのを覚えています。これが星野投手との出会いでした。

さらに、星野仙一といえば、「燃える男」「闘将」というイメージの、やはり監督時代の思い出のほうが多いのですが、現役の投手としても通算１４６勝した好投手であったことはご存じの通りです。特に巨人戦は、通算35勝。阪神戦にも通算36勝。強いチームになればなるほど闘志を燃やすことがはっきり数字に表れています。しかし、星野さんがよく口にするのは、「２００勝もできない二流投手ですよ」でした。

ファンによって星野投手の現役時代の思い出が違うのは仕方がありませんが、私にとって星野投手至上最高のピッチングはこの試合だと思います。それも完投、完封の試合ではない、わずか1イニングのピッチング。

時は1974年（昭和49年）、ドラゴンズは20年ぶりにリーグ制覇を果たします。この年は、野球史上でも大いなる転換期になった年でした。巨人のV10がストップ。川上監督が勇退、そして野球人気のかなりの部分を背負ってきた長嶋茂雄選手が引退、野球界は否応なく次の時代に移ろうとしていたのです。

この年のドラゴンズの優勝は、与那嶺監督のもと全員野球での優勝と言われましたが、間違いなく巨人V10阻止の立役者の一人は星野投手でした。私もアナウンサーになって初めての経験。終盤はまさに右往左往。何をしていいのかわからず、ただただ戦況を見つめるしかなかったのです。

そして、遂に優勝へのマジックが3になり、優勝が現実のものになろうとしていた10月9日から、神宮球場でヤクルトとの3連戦。この神宮で一気に決めるか、次の中日球場に戻っての大洋戦で地元胴上げになるのかのこの二つのシナリオが最良。もし万が一にも決められなければ、想像するだけで暗たんとした気持ちになりました。

実はその後の試合は、1・5差に詰め寄り、V10を何が何でも果たすのが宿命だと思い込んでいる王者巨人と後楽園での2連戦だったのです（最終的にはこの後楽園の試合は長嶋茂雄選手の引退試合になった）。ドラゴンズにとっては、これは絶対避けなければいけないところです。したがって、この神宮決戦はドラゴンズ優勝への運命がかかった3連戦だったのです。

私を含め、スタッフ十数人はもちろん神宮へ。優勝が決まったらどうする！ こうする？の議論百出。何しろ誰一人ノウハウがわかっていなかったのですから、議論すればするほど不安どころか恐怖を感じての星野登場でしたね。

当時のヤクルトの監督は荒川博さん。「プロ野球ニュース」で大変お世話になった方です。とりあえずベンチにご挨拶。荒川さんは、満面の笑みを浮かべて迎えてくれました。

「よっちゃん、大変だね！ 大丈夫だよ。うちそんなに強くないし。松岡（当時のヤクルトのエース）もあまり調子良くないと言ってるから、まあ地元胴上げのほうが良いだろう。たぶんそうなるよ」

荒川さんは、大変に可愛がってもらった方。少し和やかな気分になったのですが、これが大嘘だったのです。考えれば当たり前のことなのですが、ヤクルトは異常なほどの闘志をドラゴンズにぶつけてきたのです。

そこには、過酷な試練が待っていました。なんとドラゴンズは、9日、10日とヤクルトに連敗。まさに絶望の淵に立たされてしまったのです。荒川さんを恨みましたね。

迎えた11日。負ければ地元胴上げはなくなり、後楽園。手ぐすね引いて巨人が待っています。先発は鈴木孝政投手。打たれました。2失点、大ハンデです。加えてヤクルトの先発は松岡弘。何のことはない、荒川さんの言葉とは裏腹に絶好調。5回まで得点なし。これは駄目だと思いました。

しかし6回、満塁のチャンスに木俣達彦さん。打った！　同点タイムリーです。2対2。手に汗握る攻防になりました。しかし、その裏また1点を取られ2対3。遂に9回の表、木俣さんがまた打ちました。チャンスです。バッターは、ドラゴンズ史上最高の選手の一人、髙木守道さん。さすがです。しぶとく三遊間を破り同点になりました！

時間を忘れるほどの熱戦。9回の裏を守り切れば引き分けでマジックは減ります。私も心臓が口から飛び出るんじゃないかと思えるほど興奮状態の中、その人が出てきました！　顔面蒼白、目は血走り……思い出します、あの明石球場で初めて出会ったときの顔そのもの。星野投手の登場です。

そうなのです。このときの1イニングのピッチングは、忘れることができません。星野投手、生涯最高のピッチングだと私には思えるのです。アウトコース一辺倒、それも私の記憶ではストレートばかり。針の穴を通すがごとく見事なコントロール。アウトコース、ストライクゾーンぎりぎり、全部ストライクコール。永尾空振り三振、代打・井上サードゴロ、武上見逃し三振。凄い球、凄いコントロールでした。

ただ、感激で茫然とする中でのあっという間の三者凡退で、3対3の引き分けです。マジックは2になりました。木俣さんと守道さんのバッティングもさすがでしたが、私は星野さんのピッチングに酔いしれましたね。

このヤクルト戦の引き分けこそが、優勝へのキーポイントになり、後は次の日の中日球場で行われた大洋戦に連勝、20年ぶりの優勝を決めたのです。巨人V10阻止。それ以降の群雄割拠の時代に橋渡しをした優勝といえるかもしれません。

星野投手は大洋戦の2試合目、見事な投球で優勝投手になりました。この年、星野投手は先発、抑えのいわば二刀流で投手の勲章ともいえる沢村賞を受賞したばかりか、この年から制定された初代セーブ王にも輝いています。やがて投手分業制が当たり前になり、先発、中継ぎ、抑えと役割分担がはっきりしていくことになりますが、星野は「投手二刀流」の最後の投手かもしれません。

実はこのヤクルト戦の話を星野さんにしたことがあります。星野さんは、「自分でもそう思う。あれは我ながら凄いコントロールだったと記憶してるよ。最もあの時の球審の富沢さんがアウトコースにいったら全部ストライクにしてくれたからなんじゃないかな」と笑って答えてくれました。このときの星野投手の投球は、１４６勝の中には入りませんし、セーブも付きません。記録には残らないものの、記憶に残る生涯最高のピッチングだと私は思います。

星野さんは、間に5年挟んでドラゴンズで11年監督を務め、２回のリーグ優勝、その後阪神の監督としてもリーグ優勝、そして楽天の監督として見事日本一に輝きました。

かつて、「プロ野球の名監督とは?」というある番組のコーナーにリポーターとして参加、長嶋監督、星野監督等にインタビュー、さらには番組とは別に、落合監督にも話を聞いたことがあるのですが、答えは三人とも全く同じでした。答えは何かわかりますか? 実は非常にシンプルな回答でした。「勝てる監督が名監督だ」というのが、三人共通の回答だったのです。

近年、高校野球等のお手伝いをするようになり、アマチュア野球の監督に同じような質問をしたことがありましたが、予想通りプロの監督とは答えが違っていました。正直、本音と建て前があるとは思いますが、やはり「人間形成が第一」と答えられた方が多かったのです。

「勝てる監督」――。まさに星野監督は、名将の一人だと思います。しかし、監督経験のない私に監督論を語る資格はありません。それは野村克也さんの本などをお読みいただければと思います。星野監督ほどマスコミとのコミュニケーションを重要視した監督はいないでしょうね。キャンプ取材等では、監督や選手との接点は意外と多くはないのです。節目の共同会見とか、歩きながらの囲み取材くらいでしょうか。考えれば、プロの選手として大事な初めのトレーニングに、我々マスコミにうろうろされては練習の邪魔だと捉えられるのも当然でしょう。

星野監督との朝の食事会と、朝のキャンプ地への散歩は貴重な監督との接点でした。星野監督時代、朝は皆早起きせざるを得ませんでした。選手たちの宿舎（沖縄県恩納村のムーンビーチ）で監督を囲んで朝の食事会に参加するためです。

星野監督の一番の良さは、すべての人に対して平等であったことでしょう。

１９８７年（昭和62年）から１９９１年（平成３年）までの第一次星野監督時代は、プロ野球ニュース等で放送されていた「好プレー珍プレー集」で星野監督は格好のネタにされました。星野といえば、暴言、乱闘の代名詞みたいに扱われていました。暴言乱闘シーンのスターでした。

あるときは、王さんに手を上げたとかで問題視されたこともありました。

星野さんは怒るときでも平等なのです。その相手が、我々のようなマスコミの小僧っ子でも、王さんでも、いや総理大臣にだって暴言を吐いたかもしれません。弱い者だけにぶつかる奴は最低ですが、どんな人にも星野さんは平等で怒ったのです。チョット話がそれました。

食事会でも並びは平等でした。やはり隣に座れば、一番身近で話ができるわけで特等席です。しかし、やがてマスコミと監督の暗黙の了解というか、隣に座るのも順番制になったような気がします。平等なのです。

キャンプの開始は、大体午前10時から。星野監督は、宿舎から歩いてキャンプ地へ向かうのです。マスコミは当然一緒に歩きます。石川から現在の北谷《ちゃたん》のキャンプ地まで、毎日ルートが違うのです。このルートを探すのも楽しみの一つでした。ここでも、カメラを向けるチャンスはこれまた各社平等でした。

１９９６年（平成8年）から２００１年（平成13年）までの星野第二次監督時代にナゴヤドーム時代が幕を開けます。１９９７年には、奥さんが亡くなりました。キャンプ地で唯一散歩の同行を許されなかった日がありました。当時の星野さん付けの広報から、「今日だけは、同行取材は勘弁してください」との突然のお触れ。十分、星野監督の気持ちがわかりました。監督はその日、おそらくは奥さんに沖縄の海を見せながら、一緒に散歩がしたかったのでしょう。

食事会に散歩。こんなにマスコミとコミュニケーションをとってくれた監督はいませんでした。あえて逆に言えば、星野監督のマスコミ操作の巧さとも言えます。星野監督がドラゴンズ時代の第一次の１９８８年（昭和63年）と第二次の１９９９年（平成11年）の２回の優勝はそれぞれに思い出がありますが、これはまた別のところで書かせていただきます。

さて、私の地上波における最後の放送は、２００５年（平成17年）９月６日の阪神戦でした。もう定年を過ぎていましたが、やはり感慨深いものがありましたね。そのとき、解説者として来てくれたのが、星野仙一さんでした。有り難いことです。私は星野さんの放送の取材者、アナウンサーとしての付き合いもありましたが、むしろ傍観者として一ファンとして、星野時代を見られたことが大変に幸せだったと申し上げておきます。放送が終わると、前の観客席から、「吉村コール」が聞こえてきました。少しは私のことを惜しんでくれる方もいたのです。「有り難うございました」という気持ちでした。

公益財団法人野球殿堂博物館は2017年（平成29年）1月16日、中日、阪神、楽天の三球団で優勝監督となった星野仙一（楽天副会長）さんが野球殿堂入りを果たしたと発表しました。発表の当日に私が、「殿堂入りおめでとうございます。感激です」とメールを送ったところ、「有り難うございます。なんかの間違いかもね。元気にしてますか。歳を取ることは残酷ですが、この世の中に、ハバカッテ行きましょう。星野仙一」と返信をいただきました。

8　江川卓オールスター8連続三振と対野武士軍団

1984年（昭和59年）にナゴヤ球場で行われたオールスターゲームの第2戦。巨人の江川卓8連続三振も忘れることのできない放送です。よく聞かれることの一つに、「吉村さん、現役中見てきた中で最高の凄いピッチャーを一人挙げてください」。これは無理な注文です。なにしろ凄いピッチャーはたくさん見てきました。それぞれに皆個性あり、その比較は極めて難しく、「一人を挙げるのは無理ですよ」と言いつつも、「でも江川の全盛期は凄かったですよ」、さらに付け加えて、「でもほんの2年くらいですけどね」と思わず答えてしまいます。

その入団の経緯もあり、常にヒール役のイメージが付きまとう江川卓ですが、プロ入り2年目、3年目の全盛期は本当に凄いピッチャーだったと思いますね。多彩な変化球が多くなった昨今の投手、フォーク、チェンジアップはともかく、ツーシーム、フォーシームになると今の現役のアナウンサーはよくぞ見分けるなと感心してしまいます。江川はカーブとストレートの二種類で抑えたのですから。もちろん、何種類かの曲がりの違うカーブを投げたにせよ、江川はフォークやチェンジアップは投げませんでしたからね。

子供の頃は、耳で覚えた「懸河のごときドロップ」とやらに憧れました。草野球とはいえ、一生懸命投げ方を工夫したものでした。

プロ野球の投手は、直球とドロップ。ちょっと加えてシュート、巨人の藤本英雄投手考案のスライダーまでしか球種がないと思っていましたが、杉下投手のフォークボール登場にはびっくり。巨人の川上選手がきりきり舞いすると、どうやって投げるんだろうとこれも一生懸命、子供心に探求心旺盛でした。

つまり凄いピッチャーとは、直球とカーブで勝負できる投手という思いが子供の頃から私の心の中にはずっとあるのです。金田正一対長嶋茂雄の対決。金田投手は、芸術的カーブと胸元の直球で勝負。初めての対決であの長嶋は4三振。フォークもツーシームもない世界、直球とカーブの勝負。だからこそ伝説になるのです。

私は江川投手の投球フォームが好きでした。ストレートは今の大谷翔平投手のように160キロまではいっていなかったと思いますが、当時の新聞を読むと谷沢健一選手は、「振りかぶったらすぐに球が来る感じ。球がホップするので、とらえたと思っても球の下っ面でポップフライばかり」。大島康徳選手は、「他の投手とはスピンが違った」。バントの名手、平野謙選手も、「ストレートでもバントするのが難しい」などとその凄さを語っています。

ストレートと落差のあるカーブのコンビネーションが素晴らしかったです。カーブを投げた後、手のひらがパッと開く独特のフォームだったのを覚えていますね。しかし江川投手の本当の全盛期は、高校生だった作新学院時代で大学時代に投げ過ぎたのがプロの寿命を短くしたという説にも少々納得。

あの1982年（昭和57年）、近藤貞雄監督率いる野武士軍団の8年ぶりの中日優勝はシーズン終盤、江川をノックアウトしたあの「奇跡の逆転劇」が最大の要因と言われましたが、江川投手とドラゴンズ、そしてナゴヤ球場とは不思議な運命の糸で結ばれていたような気がします。

9月28日、ナゴヤ球場。シーズン終盤の中日－巨人戦は、歴史上、後にも先にも見たことがないような壮絶な逆転劇となりました。ただしこれは私どもの中継ではなく、私はネット裏で取材していました。

この年のドラゴンズは、近藤貞雄監督率いる個性豊かな選手たちが活躍したシーズンで、強さと脆さが同居した不思議なチーム。誰言うとなく「野武士軍団」の異名で呼ばれていました。田尾から始まり、平野、モッカ、谷沢、大島、宇野、中尾と続く打線はおそらくはドラゴンズ史上最強といっても過言ではないでしょう。

クライマックスを迎えたシーズン終盤。首位巨人を2・5差で追う中日との運命のナゴヤ球場での直接対決3連戦。その初戦の9月28日が江川投手の先発でした。この年の江川は19勝を挙げ、ドラゴンズに対しても5勝2敗3完封。江川はドラゴンズの天敵。江川攻略なくして優勝は考えられませんでした。試合は巨人が原の3ラン等で有利に展開、何とか中日も江川に食らいつくも、9回の表を終わって2－6。敗色濃厚にスタンドのドラゴンズファンも暗いムードに包まれていました。

『ドラゴンズ80年史』の冒頭にも描かれているように、それは奇跡に近い逆転劇でした。9回裏の4点差、相手は江川とくれば、ほぼ絶望的な展開。実はそこから野武士軍団攻勢の奇跡のドラマが始まったのです。

江川に学生時代から強い代打豊田がヒットで出塁、モッカ、谷沢の連打で満塁。大島犠牲フライで3点差、さらに宇野タイムリー2ベース、中尾の2点タイムリーであっという間の同点。あの終始ポーカーフェースの江川の顔が引きつります。信じられない江川ノックアウト劇でした。勢いに乗ったドラゴンズ。延長10回、大島が角からサヨナラヒット。このまさに奇跡に近い逆転勝利がドラゴンズ8年ぶりの優勝に勢いをつけたことは間違いないでしょう。それはカリスマ投手江川の失墜の始まりでもありました。

それから2年後。１９８４年（昭和59年）のナゴヤ球場のオールスターゲーム。江川投手へのその当時の評価は決してもう入団時の江川のものではありませんでした。肩の不調はこの頃から慢性化していたのです。

中継は実にツキに恵まれました。解説は権藤博さん、西本幸雄さんと当時のドラゴンズの監督山内一弘さんの豪華版。オールスターゲームは、選ばれたスター選手個々のプレーは楽しいものの、試合的にはそう面白い展開は期待できないとの思いもあり、いかにスター選手の裏話を引き出せるかがポイントと考えて放送に臨んだ記憶があります。

案の定、ゲームは淡々と進んでいきました。江川投手がマウンドに上がったのは4回からでした。この頃は、あのホップするストレートは幾分影をひそめ、カーブが多めの変化球投手のイメージに変わっていたような気がします。

まずあの快速男福本が三振、そして蓑田も三振、カーブ多めと記憶しています。そして怪物ブーマーと対決。おっと、ストレートに伸びが出てきたぞ！　三振。昔の江川のイメージだ！

5回、栗橋三振。そして三冠王落合、ストレート勝負。球速がぐんぐん上がって来る。三振！（試合後の落合選手のコメント「皆不調、不調と言うけど、そんなことないよ。あのストレートがどうして打たれるのかわからない」）。５者連続三振。続くは西武の元気者石毛、三振。６人連続。何か大変なことが起こりそうだ！　放送席にも緊張感が走る。後ろのスタッフが記録を調べ始める。

ところが。６回セントラルの選手が守備位置につくも、なんと主役江川が出て来ないのです。場内騒然。「えっ、これで終わりなの!?」

実は試合前、江川は２イニングしか投げないとの情報があり、こんな事態になっても江川はやはり江川で、キッチリ２回で終わるつもりなのだろうか？「ありそうな話だ」とＣＭ中の解説者たち。

セントラルの選手が後ろのダッグアウトを覗く。パシフィックのベンチからも選手が身を乗り出してセントラルのベンチを見詰める。

私は思い出していました……。十数年前の１９７１年（昭和46年）、あの西宮球場でのオールスターゲーム。江夏豊の９打者連続三振。オールスターのルールでは、投手の究極の記録。後にも先にもたった一人しか達成していない大記録です。私はこれをバックネット裏から目撃していました。まさかそのとき、この偉業を見ていたことが、後に大いに役立つとは思いもよらないことではあったのですが。

なぜかこの江夏投手の9者連続三振の記録を持って放送席にいたのです。江夏豊の全盛期。球は速く、何より相手の選手に対する威圧感が凄かった。ちなみにその9人とは、有藤、基、長池、江藤、土井、東田、阪本、岡村、加藤秀。一騎当千のその時代を代表する選手ばかりでしたが、江夏は相手を完全に見下ろしてのピッチングでしたね。

その後、最後のバッターとなった加藤秀さんとはこれもまた「プロ野球ニュース」でお世話になることになったのですが、加藤さんは、「いや、あのときの江夏は速かったよ。かすりもしなかったよ」と語っていたものの、実はかすっているのです。

ワンストライク、ワンボールの3球目。加藤さんのバットは江夏投手の球にかすって(失礼)、一塁側に当たり損ないのファールを打ち上げているのです。そのときマウンドの江夏は捕りに行っていたキャッチャーの田淵に向かって「捕るな!」と叫んだのだそうです。実際、田淵は捕りませんでした。

これは後日聞いた話で、私がその江夏の叫びを実際聞いたわけではありませんが、オールスターならではの話です。かくして加藤さんは4球目の高めの速い球にかすりもせず(失礼)三振。9者連続三振の大記録は達成されたのでした。

そんな思いが浮かぶうち、ベンチから照れくさそうににやにや笑いながら江川が出てきたのです。その隙間の時間は何だったんでしょうか。それでもスタンドも両軍のベンチも大騒

ナゴヤ球場の放送席で、1984 年のオールスターの実況。江川が 8 連続奪三振を達成。左から著者、権藤博さん、西本幸雄さん、山内一弘監督（当時ドラゴンズ監督）

ぎです。お祭り騒ぎです。私もほっとしました。せっかくのチャンスです。

この回の先頭は西武伊東。カーブとストレートで三振。全盛期のコンビネーションです。そして異様な興奮の中、日本ハムのクルーズ登場。最速147キロ、三振。8人連続です。江夏の記録を持っていて良かったとしみじみ思いましたね。

9人目は嫌な予感。小冠者近鉄の大石です。当てること巧ければ、一発長打もある。相手にすれば嫌なバッターの典型です。1球2球とポンポンとストレートであっという間に追い込みます。スタンドは大盛り上がり。セントラルのベンチも、パシフィックのベンチも手を叩いて大騒ぎです。パシフィックもですよ。

これはやったと思いましたね。マウンドにはまさに私が最も凄いと思っていた全盛期の江川がいました。

吉村「江川ストレートでツーナッシングと追い込んだ。後一球です」

大石も苦笑い。これはお手上げの表情です。場内騒然。あの江夏投手以来の快挙達成まで後一球です。「さあ、第三球。江川投げた。カーブ。大石当てた！　セカンドゴロだ！　大記録はなりませんでした」

なぜカーブだったのか？「もしストレート勝負なら三振を取れたのでは？」が大方の意見でした。

後に江川卓さんは、こう言ったそうです。

「実は江夏さんの9者連続三振の上を行く10人連続三振を狙っていたのです。それには空振り三振、キャッチャー捕れず振り逃げで一塁に生かし、次のバッターを三振させ10人連続を狙ったのです」

この発言は、江川さん自身の発言とはどうしても思えません。おそらくはファンのどなたかが、〝江川伝説〟に付け加えたような気がします。権藤博さんの解説は「江川らしい幕切れですね」。

この解説が一番的を射ているような気がします。江川は江川。そんな小細工するわけがないじゃないですか。

9　解説者との思い出

野球中継の記憶をたどると、コンビを組んだ解説者との様々な思い出がよみがえります。アナウンサー、解説者のコンビによるスポーツ中継の放送スタイルは一体いつから始まったのでしょうか。

これは全くの受け売りですが、日本においては1952年(昭和27年)、NHKの志村正順アナウンサーが大リーグ観戦の際、ジョー・ディマジオを解説者として放送したのを目の当たりにして、それを日本の野球、相撲等のスポーツ中継に持ち込んだのが始まりだとされています。

私が野球に興味を持ち始めた時代の、志村正順アナウンサーと小西得郎さんの名コンビの放送はいまだ脳裏に焼き付いています。特に小西得郎さんの「なんと申しましょうか……」は当時一世を風靡しましたね。

あれから、たとえば解説者のみの放送とか、タレントを実況のメインにするとか、スポーツ中継スタイルはいろんな形の思考錯誤が試みられたのですが、行き着くところはアナウンサーと解説者の放送という原点に戻り、そしていまや定着した感じですよね。

私も様々な解説者の方とコンビを組ませてもらいましたが、あるときはその解説者の専門知識に助けられ、あるときは相性の悪さで立場をわきまえず、相手を蹴飛ばしたくなったこともありました。おそらく解説者の方も同じような思いで、生意気なアナウンサーを殴り飛ばしたくなることもあったでしょうね。

その放送がうまく行くか行かないかは、アナウンサーの力以上に解説者の存在のほうが大きいような気がします。視聴者の一人になった今では新聞の番組欄を見ながら、この解説者なら聞いてみようか、この人なら音を消してみようかと考えますものね。アナウンサーはあくまでもサブなのです。いつもそう思って放送に臨むのですが、始まるとその大事な鉄則を忘れて、いつの間にか一人大暴れを始め、顰蹙を買うことしばしばでした。

今考えれば、解説者には随分迷惑をかけたと反省しきりです。お世話になった解説者の方は、テレビで見たかつての大スターや、自分の現役時代に放送を通して見た近いようで遠くの存在だった選手たち、まさに野球界の歴史そのものを作ってきた方ばかり。子供の頃からの夢だった、「憧れのスター選手と仲良く話をしたい」という夢が、ある意味実現したのです。

野球中継を始めた頃、最初にお世話になったのはかつてのドラゴンズの名選手。国枝利通さん、原田督三さん、おそらく彼らは子供の面倒をみるオヤジのような気持ちだったでしょうね。私は人一倍の駄々っ子でしたから……。

大投手杉下茂さんは、優しかったです。放送が終わると、中華料理屋で（杉下さんはあまりお酒を飲まないので）ラーメンを啜りながらの〝杉下教室〟で、いろいろなことを教えてもらいました。面白かったです。フォークボールの話になると、もう止まりません。

「村山のフォーク、あれはフォークじゃない。単なる落ちる球さ」。

こんな贅沢な教室はもう経験できませんが、90歳を過ぎた今なお、ドラゴンズのキャンプを訪れては、若手の投手たちを指導する姿をテレビで拝見。ちっとも衰えていない野球への情熱に感動を覚えます。

権藤博さんは、野球の天才でした。放送中、私たちにも容赦しませんでした。まず試合中に資料を見ると、ＣＭの間に「資料なんか見るな。グラウンドで試合やってんだろう。野球を見ろ」と一喝。これは若手アナウンサーが必ず受ける洗礼。さらには生意気なアナウンスをすると必ず反撃されます。「お前たち、野球を知らない者が生意気なこと言うな！」の意味だったのでしょう。

権藤さんとコンビの放送は、緊張感溢れるものでした。特にその日の放送担当のアナウンサーは、食事も喉を通らないほどでした。私も何回となくコンビを組ませてもらいましたが、一番の怖い（？）思い出は夏の浜松市営球場で行われた対阪神戦の放送のときでした。

「アナウンサーはツキだよ」とは身に染みる先輩の言葉。放送に入るや大差でドラゴンズが負けていたときは、これはツキに見放されたも同然。どんな名アナウンサーにも、10－0の試合を名放送にはできないのです。この試合も確か、大差でドラゴンズが劣勢になって放送開始。これはもう諦めるしかないのですが、アナウンサーは何とかしようともがきます。無駄な努力とわかっていてもです。当時は大豊選手が全盛期でホームラン王を取ろうかというシーズン。勝敗の実況を捨て、個人ネタに方向転換です。

バッター、大豊登場。
吉村「さー、大豊がバッターボックスに入りました。浜松市営球場のお客さんから歓声が上がります。おそらく一発を期待する声援でしょう。権藤さん、大差がついてますし、ここはホームランに期待ですね！」
権藤「いや、ここは出ませんね」
聞き間違いかと思いながら、もう一回。
吉村「権藤さん、ここは狙ってもいいでしょう!?」
権藤「いや、ここは打ちません！」
収拾がつかなくなるとはこういうことなのでしょうね。諦めました。もちろん、権藤さんは不機嫌さをもろに顔に出しています。案の定、セカンドゴロ。ホームランは出ませんでした。もしホームランが出たら、どんな解説をするつもりだったんですかね。そこが天才権藤なんです。絶対に打たないというなにか予感があったのでしょう。きっと。いまだにこの話の続きは聞いていません。いや恐ろしくて聞けません。しかし、良い勉強をさせてもらったと思います。
現役時代、白面の貴公子と言われた河村保彦さんとのコンビがおそらく一番長かったような気がします。河村さんはそのルックスの良さと歯切れの良い解説でなかなかの人気解説者でした。まさに同年代、気心も知れ、時には喧嘩もしたり、「河村・吉村コンビ」は東海テレビの一時代を築いた……などとは誰にも言ってもらえませんでしたけど、私自身はそう思っています。

その河村さんは、やがてフジテレビの夕方のスポーツキャスターに抜擢され、暫く東京住まいとなりコンビ解消。２年後名古屋に戻って来たのですが、その頃からなんとなく、疎遠になってしまいました。

ある日突然、「河村保彦さん死去」との新聞報道にびっくり。言葉を失いました。２０１２年（平成24年）２月のことでした。いつかまた酒でも飲みながら話をしようと思っていたのですが……。

そして鈴木孝政さん登場です。その現役引退後は、各局の孝政争奪戦は凄まじかったそうですが、東海テレビが三顧の礼をもって迎えることに成功。かくして解説者孝政時代が始まり、そして今なおブラウン管の中で活躍しています。

鈴木さんは人一倍優しく、そして情熱家でした。その解説は、従来の野球技術一辺倒の解説ばかりでなく、選手たちのそのとき、その瞬間の心情を〝孝政流〟の表現で解説。ある意

試合開始前のナゴヤ球場で　河村保彦さんとドラゴンズの試合の展望を語る。
「河村・吉村コンビ」の解説を長くお茶の間に届けた

味、解説の革命に近いものだったと言ってもよいと思います。どこで習ったか、持って生まれた才能か、その表現は言葉の魔術師でしたね。

これを読んだら、多分孝政君は苦笑いするでしょうが、まだまだ頑張ってください。テレビで見ていますから。

フジテレビ系列には、スポーツニュースの先駆者的役割を果たした「プロ野球ニュース」という番組がありました。この番組のおかげで、フジテレビ系列のたくさんの解説者の方とコンビを組ませていただき、それこそ私の子供時代の憧れのスーパースターと一緒に仕事ができることに……。夢が叶ったんです。

大下弘さんは、あの「鼻紙事件」で私をこの世界に導いてくれた人。大下さんには、ちょっと失礼かもしれませんが、テレビ解説より一杯飲みながらの話のほうが断然面白かったですね。スーパースターと呼ばれた方は、独特のオーラがあり、それぞれにプライドが高く、それぞれに独自の野球観を持っていましたね。酒が入ると大下さんは目を閉じて、何かを思い出すがごとく口癖のように言っていました。

「もし投手が次に投げる球、球種を教えてくれたら100%打ってみせる。10割バッターになっていただろうね」と。バットの天才の野球観は、我々凡人とはかけ離れていました。

子供の頃の私の憧れのスター、別所毅彦さんとの中継は胸ときめきました。「泣くな別所、センバツの花」の伝説を知っていらっしゃる方はもうだいぶ少なくなりました。巨人時代の豪快なピッチングは忘れられません。通算３１０勝の大投手も大下弘に言わせると、「あんな打ちやすいボールは無かったね」

これにはムッとしましたが、確かにあの西鉄の全盛時代、豊田、中西、大下にはコテンパンにやられましたものね。それでもあの別所さんのトレードマークの豪快な高笑いを間近で見られたのは、私の思い出の宝物です。

「悲運の名将」と言われた西本幸雄さんとのコンビには、もう緊張を通り越し恐怖に近いものがありました。しかし実際に会った西本さんは、物腰柔らかく私たちにも丁寧な言葉を使われるのにびっくり。今となればただただ恐れ多いことですよね。その優しさに付け込んだわけではないのですが、私の悪い癖で放送中に少し図に乗り、若手選手へのプレーに対し批判めいたことをアナウンスしたとき、西本さんの表情は一変しました。今までの優しい口調から厳しい声で、しかもかなり大きな声で「それは違う！　そんなことはない！」とたしなめられたのです。これは結構効きました。

その一件以降、私は口数も少なくなり、なんともおとなしい放送になってしまい、放送席は針のむしろ。早くこの場から脱出することばかり考えていました。放送後は、いつもの優しい西本さんに戻っていたのですが……。もう駄目でした。西本さんは、若手に厳しく、そして選手を育てることに関してはナンバーワンの監督であるとも言われており、その一端を垣間見た瞬間でもありました。

２０１６年（平成28年）８月、豊田泰光さんが81歳で亡くなられました。あの豪快なイメージのある豊田さんが死ぬなんて。何だか信じられない思いでした。豊田さんは怖かったですね。殴られるんじゃないかという恐怖感がいつもありました。実際にはそんなことは無いのですが、おそらく豊田さんとコンビを組んだ方のほとんどが、一度は同じ思いをしたことがあると思いますよ。私も豊田家に電話して謝ったことがありました。

何が原因で謝ったのかは全く覚えていませんが、とにかくひたすら謝りました。まるで豊田さんが暴力団の一員みたいに書いてしまいましたが、実は豊田さんは繊細で的確な表現のできる解説者として評判が高かったのです。その点については誰もが認めていました。しかも文章力は抜きん出ており、あんな美しい文章を書ける人はそういません。毎週書かれていたスポーツ週刊誌を読むのが楽しみでしたね。

ある番組で豊田さんを取材したことがありました。中身は確か昭和29年、ドラゴンズが日本一になったときの日本シリーズ。中日－西鉄に関してだったと記憶しています。その年のドラゴンズは、天知監督の采配のもと、西沢、児玉、杉山の打線に投手杉下茂の超人的な活躍で悲願のリーグ初優勝。そして日本シリーズの相手は、豊田、中西、大下、高倉を擁し圧倒的に前評判の高かった西鉄でしたが、ここでも杉下茂の魔球フォークボールが冴えわたり、見事日本一に輝いた……特集だったと思います。覚えている限り、取材は当然のごとく杉下茂。フォークを受けたキャッチャーの河合保彦。後は覚えていませんが、ドラゴンズ選手数人。そして中西太に豊田泰光でした。話題はフォークボールでしたね。

豊田泰光にインタビューしたときの様子です。

吉村「豊田さん、杉下投手のフォークボールはどんな感じでしたか？」

豊田「実はね。フォークボールが凄い、凄いと回りが言うんで研究しましたよ。そして第1戦は当然、杉下茂が先発でした。初打席第1球。来ましたよ！　ドトーンととてつもなく落ちるフォークボールが！　なるほどこれが噂のフォークボールか！　見たことも無いような球でしたね。次のフォークボールに対して構えましたよ。ところがですよ、後にも先にもフォークボールはこの最初の1球だけだったんですよ！　後は全部ストレート。参りました！」

この話は妙に忘れられず、豊田さんと言うとこの話を思い出すのです。

ドラゴンズの大打者、谷沢健一さんほど現役時代と引退後の表情と性格が変わった方はいないでしょうね（これも怒られそうですが……）。

現役時代は、まさに唯我独尊。バッティングの奥義を極めんため、我が道を行く仙人みたいな方で、少し近寄り難いところがありました。水をかけられたり紙コップを投げられたりの報道陣は数知れず。

「君たちに何がわかるんだ」の態度でした。私はそれで良いと思っていました。むしろそういうところが好きでしたね。ところが、引退後の谷沢さんはがらりと変わったのです。表情はいつも笑顔で明るく、その喋りは実にユーモアに溢れており、一体本当のあなたはどっちなの!?と思わず聞いてみたかったですね。その後は、大学院に通って改めて勉強し直し、今度は野球の求道者へと変身。やはり本質は仙人なんでしょうね。

２００３年（平成15年）は、山田久志監督がシーズン途中で解任。果たして次の監督は誰？の騒動も忘れられません。私は定年後、しばらく東海テレビで働いていた時代がありました。新監督探しが最後の仕事と思い、髙木守道さんのいる岐阜のゴルフ場へ取材に行き、有力候補の一人谷沢健一さんに電話をかけ、「もし、新監督就任を打診されたら即刻電話ください。すぐ取材に行きますから」などと動いていたのです。ところがそうするうちに突然名前が挙がったのが、落合博満でした。しかも、決定的だという。

これは、当時ちょっと驚きのニュースでした。意外な展開にすぐさま落合さんに電話。「今静岡のゴルフ場にいる」との返事に、とりあえず何人かのスタッフと急行。到着するや中日新聞の記者が、「監督は落合に決まりましたよ」

びっくりする間もなく、落合博満新監督へのインタビューに成功し、その晩のニュースで放送。これは完全なる他局に先駆けての独占〝特ダネ〟だったと今でも自負しています。そんな評価は頂けませんでしたが……。実は谷沢さんにはその後一回も電話していないのです。そと言うより忘れてしまったのです。その後、谷沢さんは、確かラジオの放送で冗談交じりに、「いや、あの新監督騒動で、あるアナウンサーから電話で新監督になったらすぐ取材に行くと言われ、待っていても全然来ないんですよ。酷いと思いません？　あれからいまだに電話無いんですよ（笑）」

あれから、何年になるでしょうか。再会する前に、この場でお詫びしたいと思います。

10　夢に見るスーパー軍団

夢の中で球場を作りました。そこにかつて中継や「プロ野球ニュース」でお世話になった選手たちが次々と現れます。もちろん別の世界に行ってしまわれた方も呼び戻します。夢のスーパー軍団誕生です。吉村功のフィールド・オブ・ドリームスです。それはもう豪華絢爛のチームになりました（たとえば星野仙一さんや、落合博満さんらゲスト解説で来ていただいた方は、今回は招集いたしませんでした）。

投手陣は凄いですよ。

杉下茂（東海テレビ）、別所毅彦（フジテレビ）の２本柱に、権藤博（東海テレビ）、土橋正幸（フジテレビ）、平松政次（フジテレビ）、鹿島忠（東海テレビ）、河村保彦（東海テレビ）。超豪華な投手陣になりました。鈴木孝政君（東海テレビ）には抑えをやってもらいましょう。しかしこんな凄いピッチャーの後で投げて、打たれたら何を言われるかわからないと嫌がるに違いありません。

捕手陣も揃いました。大矢明彦（フジテレビ）、達川光男（テレビ新広島）、土井淳（フジテレビ）、そう、新宅洋志（東海テレビ）もいました。ファーストは、谷沢健一（フジテレビ）と加藤秀司（関西テレビ）。谷沢は外野に回しましょうか。セカンドは、国枝利通（東海テレビ）、岡本伊佐美（関西テレビ）と渋いところで行きましょう。

ナゴヤ球場で、田尾安志選手に突撃インタビュー（1976 年）

ナゴヤ球場でスピードガンコンテストに出場。「ピッチャー・吉村功」100 キロ超えず

考えたら「プロ野球ニュース」のキャスター佐々木信也さんにも入ってもらいましょうか。サードは児玉利一（フジテレビ）でしょう。ショートは文句なしの豊田泰光（フジテレビ）です。

少し若返りが必要ですね。

外野は多士済々です。大下弘（関西テレビ）、たぶん守るのは嫌だと言うでしょうからＤＨで行きましょう。谷沢健一（フジテレビ）、藤波行雄（東海テレビ）、加藤博一（フジテレビ）。加藤は代走要員でベンチスタートにしましょう。田尾安志（フジテレビ）、島田誠（テレビ西日本）、平野謙（東海テレビ）、最後は原田督光（東海ラジオ）を守りに入れましょう。森永勝也（テレビ新広島）は代打要員でしょうか。

どうですか、この豪華絢爛のチームは。ただ、町内の野球大会のごとく俺に投げさせろ、俺に打たせろで収拾がつかなくなりそうな気もします。チームワークが少々心配ですが、これを仕切れるのはただ一人。この人しかいません。

監督は西本幸雄（関西テレビ）です。文句無しでしょう。もう一人、ヘッドコーチに関根潤三（フジテレビ）が付けば鬼に金棒ですね。

放送となると、解説者が要りますね。野村、張本は止めておきましょう。やはりここは、ＯＮ王貞治、長嶋茂雄にお願いしましょう。もちろん実況は、吉村功です。

さあ、私のフィールド・オブ・ドリームス。プレーボールです。

第4章　スポーツアナひとすじで

1　1988年、まぼろしに終わった名古屋オリンピック

今では名古屋に行く機会もあまりなくなったのですが、たまに行くと駅前には高層ビルが立ち並び華やかな街行く人の波、その様変わりにはびっくりします。自分が年を取ったせいか、生き生きとした若者たちが眩しく感じられます。彼ら若者たちはおそらく〝あのこと〟は知らないだろうし、もし教えたとしてもそう関心は示さないのではないでしょうか。

もしあのとき、名古屋でオリンピックが開かれていたら自分の人生はどう変わっていただろうか？　どうしても今から30年近くも前の〝あの出来事〟は消し去ることができません。おそらく私と同時代の人たちは〝あの出来事〟を様々な感慨をもって思い出すことがあるに違いありません。見上げる高層ビルは私の目に何とも無表情に映ります。

1981年（昭和56年）9月30日、西ドイツのバーデンバーデンで開催されたIOC（国際オリンピック委員会）総会はある決断を迫られていました。1988年（昭和63年）の夏のオリンピック開催地を韓国のソウルにするか日本の名古屋にするのか、IOC委員たちの採決にその決定は委ねられ、そしてファン・アントニオ・サマランチIOC会長の決定発表の一言に全世

扉写真：東京オリンピック中のフジテレビ内を捉えた貴重な一枚。
著者も写る（1964年）

界の注目が集まっていました。

9月30日夜、舞台は西ドイツから遠く離れた日本の名古屋の東海テレビ特設スタジオ。司会のみのもんたさんと私はしだいに高まる興奮を抑えながらその決定発表を待っていました。

台本の筋書きはこうでした。冒頭、サマランチ会長の「名古屋オリンピック決定！」の衛星中継の発表をもって、スタジオに集まったたくさんの一般のお客さんと東京のスタジオに集まった過去の栄光のオリンピック選手たちが一斉に万歳。喜び爆発。後はみのさんの軽妙な話術でつなぐ二時間。ほぼ一分ごとにびっしりと詰まった内容に、みのさんと私の役割分担の打ち合わせも終わり完璧な状態でそのときを待っていました。その筋書きはこのうえなく完璧でした。

かくして特番「名古屋オリンピック決定！」の放送が始まりました。冒頭、西ドイツからの衛星中継が入ってきました。胸の高まりが最高潮に達したそのとき、サマランチ会長の一言。

「ソウル！」

瞬間、一体何が起こったのか!?　どうしたの？　私の頭は真っ白、思考がストップしました。耳元ではみのさんの「しまった！　この仕事、引き受けるんじゃなかった」というつぶやきが聞こえ、スタジオのお客さんも意味を理解できず、茫然と静まり返るだけ。ため息の中、やっと我に返った私はこのとんでもないまるで予期しない筋書きの変更に、この番組の残り時間をどうしたらいいの？と言葉を失ったのです。まだ番組は始まったばかりです。悄然《しょうぜん》とするみのさんを尻目に、「なんとかしなければ」との思いが極限に達したからでしょうか、意外や私のアナウンサー魂がよみがえったのでした。

１９７７年（昭和52年）、当時の仲谷義明愛知県知事が、名古屋オリンピックの招致を提案したのが事の始まりでした。ＪＯＣ（日本オリンピック委員会）がこの提案を決定すると俄《にわ》かに慌ただしさを増し、名古屋オリンピック招致は現実のものになってきたのです。

しかしその後冷静に考えれば、名古屋の行政主導先行で日本政府の対応は財政難から名古屋オリンピックに積極的支援があったとは思えず、この日本で冬の大会も入れて３回目のオリンピックに日本国中の盛り上がりは今一つでした。さらにお膝元の地元名古屋の住民の間からも反対運動の声が上がり、その勢いは日増しに大きくなっていったのです。これは致命的でした。

しかし立候補していた有力都市、オーストラリアのメルボルンが財政難から招致辞退。これにより立候補都市は、韓国ソウルと日本の名古屋の二都市のみとなり、一騎打ちの様相を呈したのでした。

そして時が経つにつれて招致支持の声が盛り上がり、日本有利へと傾いていったのです。

その理由の一つに、もしソウルに決定すると、まだ冷戦下にあるため、まず北朝鮮、さらにはソ連、そして東欧諸国が出場を辞退することが予想され、それならば日本・名古屋のほうがオリンピックはスムーズに開催できるのではという見方からでした。

我々とて様々な形で取材はしたつもりですが、世界の趨勢《すうせい》を知る機能はあまりありませんでした。したがって、情報は世界に特派員のいる新聞情報に頼らざるを得なかったのです。

やがて世論は反対運動を押しのけて名古屋招致決定。しかも圧倒的に大差での勝利へと固定されていったのです。私の頭の中でも決定の瞬間のイメージが完全に出来上がっていきました。それどころか、その先の名古屋オリンピック開催までの7年間を考えると期待と不安が募るばかり。膨大な取材や資料整理をどうやってやるか。さらにはオリンピックが始まったとき、自分はどんな立ち位置にいるのだろうか。開会式の実況はともかく、何かしらの実況はやらせてもらえるだろうが、体操、ボクシング、陸上競技のどれになるだろうか。妄想はさらに妄想を呼び、悶々とした夜が続いたものでした。

やがて二冊の部厚い台本が届きました。確か赤表紙と黄表紙のその台本をつい先日まで保存していたのですが、過去のある日、感情が爆発して捨て去ってしまったようです。

一冊目は当日の「名古屋オリンピック決定！」でみのもんたさんと私の司会の番組台本。もう一冊は、次の日の「名古屋オリンピック決まる！」で、坂本九さん、水沢アキさん司会のもの。さらには我々アナウンサー全員も出演。東海テレビを起点にフジテレビをはじめ、系列局総動員でほぼ全番組をつぶしての大番組の台本でした。しかし、その台本には名古屋招致失敗の筋書きはなかったのです。

結果は歴史が示す通り、名古屋は惨敗でした。27対52と大差がついていました。ソウルオリンピック開催が決まったのです。

特番冒頭のこの瞬間は不思議なもので、表現できない感情が込み上げてきました。そして茫然としたあとは、台本がないままにこうなると極めて長い残り時間を感じながら、みのさんとともに番組を続けたのでした。しかしどうあがいてもお葬式のようなスタジオで、10対0の試合はどう放送しても面白くならないのです。

次の日の番組「名古屋オリンピック決まる！」はもちろんすべて中止。何ごともなかったようにレギュラー番組が放送されていました。みのもんたさんはその後、司会を務めるお昼のワイドショーの中で、事あるごとに話され笑いをとっていましたが、私の気分は良いものではありませんでした。私にはあの長い残り時間を懸命に仕切ったという自負があるからです。少し言い過ぎかもしれませんが。

しばらくは、名古屋は元気がなかったように感じられました。元気がなくなった私が見ていたからかもしれません。識者たちはまるで手のひら返しで、負けたのは当たり前の論調に変わっていきました。これには納得がいきませんでした。

　名古屋オリンピックの招致は名古屋の行政主導で行われて、市民全体としては反対が多かった。韓国のロビー外交に負けた。決定的なのはソウルと名古屋の知名度の違いであり、韓国といえばソウルで代表できるが、日本の代表都市は東京であり、名古屋ではなかったなどと、識者は言いたい放題でした。そんなことは事前にわかっていただろう！と思わず机を叩くも、自分の考えも同じようなもので、怒る資格なしです。

　迎えた1988年(昭和63年)、ソウルオリンピックが開幕。私も取材に行かせてもらい、ベン・ジョンソン対カール・ルイスの世紀の対決を目前で見たり、鈴木大地の100メートル背泳ぎでの金メダル獲得の瞬間に立ち会えたり。

　あれから7年の歳月が経った頃、幻の名古屋オリンピック騒動の後遺症は払拭されていました。それにしてもオリンピック放送には残念ながら縁がありませんでした。以来、オリンピックは見るもの、楽しむものと決めているものの、かかわれないのは、やはりチョッピリ悔しいのかもしれません。

　ソウルオリンピックが終わり、オリンピックの興奮も収まったその年の11月18日、名古屋オリンピック招致提案者で元愛知県知事の仲谷義明氏が自殺。招致失敗の責任をとったとの推測もありましたが、原因は謎とされています。

2　マラソン中継で不思議なトライアングル

私のささやかなアナウンス人生の中で、マラソン中継にも野球中継同様、数々の思い出があります。

まずは不思議な出会いからお話しさせてください。

それは２０１６年（平成28年）５月15日、岐阜で開催された「第６回高橋尚子杯ぎふ清流ハーフマラソン」での出来事でした。

このハーフマラソンは、岐阜が生んだ世界のヒロイン、あのシドニーオリンピック金メダリストの高橋尚子さんが監修、岐阜の市街地から観光名所の一つである河原町の古き家並みを通り抜け、岐阜城をバックに鵜飼で有名な長良川沿いを駆け抜けるという、ハーフマラソンとしては全国屈指の名コースを舞台に、日本中から尚子さんを慕うランナーたちが集まる、まさに春の岐阜の風物詩です。

もちろん錚々たるエリートランナーたちも参加。何とわずか６回目にして世界陸上競技連盟からマラソンランク最上位のゴールドラベルに認定されたのです。これはもう高橋尚子さんの力なくしては考えられません。

さて、当日私は場内アナウンス担当（まさかこの役が回ってくるとは思いませんでした）。私がやるからには一味違った場内アナウンスをやろうとアナウンサー根性丸出しで、実況放送するのと同じくらいの資料を準備、結構力を込めてやりました。それを認めてくださったのが、あの今やマラソン中継放送の女王とも言うべき増田明美さんでした。おそらく記者席で聞かれていたのでしょう。「場内アナウンス、吉村さん良かったですよ」と。嬉しかったです。

増田明美さんは、１９８０年代のマラソン創成期、佐々木七恵さんとともに日本女子中長距離の第一人者的存在で、１９８４年（昭和59年）のロサンゼルスオリンピックのマラソン日本代表にもなった方。そして引退後はマラソン解説者として従来のレース中心の解説から私たちが全く知らない選手のプライベートな面まで放送の中に取り入れ、ある意味革命的なマラソン中継解説を始められた方で、その解説には私をはじめ、たくさんの〝増田マニア〟がいます。

私は残念なことにこれまでご一緒した仕事はなかったのですが、実は忘れられない思い出があるのです。

２０１６年（平成28年）はリオオリンピックの年。その年の清流ハーフマラソンには調整の一環として、リオの代表決定の福士加代子選手が出場。名古屋ウィメンズマラソンを二連覇、リオの金メダル有力候補、バーレーンのキルワ選手との一騎打ちに焦点が集まっていたのです。そしてそのレースはキルワ選手快勝、福士選手惨敗で調整の遅れが心配される結果で幕が下りたのでした。

そのレース後の記者会見、キルワ選手、福士選手、そして男子優勝者の会見が終わり、大部分の記者たちが会見場からいなくなった後、男子の部日本人一位の選手が会見場に呼ばれたのです。中尾勇生選手が入ってきました。立派なことに3年連続で日本人一位の快挙達成です。

何気なく私も残った数人の記者たちと一緒にインタビューを聞くことになったのですが、質問者の中心にあの増田明美さんがいました。増田さんはこの後、数時間後のこのマラソンの録画中継のための取材でした。いくつかのレースのポイントを質問した後、増田さんは、「勇生君、お父さんからは何かアドバイスがありましたか？」と尋ねました。勇生選手は、「いや、父とはマラソンの話なんかしたことありませんよ」と笑みを浮かべながら回答。その爽やかな笑顔を見ながら私の心に何かが響きました。今となれば恥ずかしい限り、すべては私の不勉強からの出来事でした。会見が終わり、妙な胸騒ぎを覚えながら勇生選手を追いかけ、「君のお父さんって誰？」と不躾な質問。

勇生選手は嫌な顔することなく、「父は中尾隆行です」と返事。

「エッ！　中尾隆行さん……！」

増田明美さん、そして私、なんという思い出のトライアングル！　三十数年前のあの出来事が鮮明に思い出されたのでした。

１９８２年（昭和57年）３月７日のことです。この２年前から豊橋で始まった20キロマラソンが「中日名古屋スピードマラソン20キロ」として、名古屋のど真ん中で行われることになったのです。実はそれが東海テレビ初のマラソン中継でした。

実況は私吉村功。解説をお願いしたのは、かつて日本人として初めて２時間20分の壁を破った元日本記録保持者で中京大学の中尾隆行さん。寺沢徹、君原健二、円谷幸吉等とともに１９６４年（昭和39年）、東京オリンピック前後の名ランナーでした。そして、そのレースの主役はまだ18歳、高校３年生の増田明美さんだったのです。マラソンが初めてオリンピック種目になった１９８４年（昭和59年）のロスオリンピックの２年前、日本の中長距離の最大のホープとして注目され始めたころでした。

増田明美選手は可愛らしい顔に、確か赤い鉢巻、前方をきりりと見据え、小さな体ながら大きなストライドです。腕の振りは機械仕掛けのごとくリズミカル。いまだに目に焼き付いている素晴らしく綺麗なフォーム。魅了されましたね。

初めて経験するマラソン中継は、私の足の勝負になりました。

アナウンサーは足で喋るものなのです。まずは３日間かけて20キロのコースを歩いて取材です。これはその後の42・１９５キロのフルマラソンになっても、コースを歩いての取材は毎回続けていました。ほぼ1キロごとの景色を頭に入れ、近くの名所旧跡から地名の由来に至るまであらゆることを調べ尽くしました。わからないことがあれば近くの区役所に飛び込み取材をしたことも多々ありました。

ですからその後、名古屋はもちろん、東京、千葉、広島でマラソンや駅伝の中継を経験しましたので、当然のごとく東京、千葉、広島のマラソン、駅伝コースも徹底的に歩いて取材しました。ある方には、「マラソンコースの本でも書くの?」と皮肉られましたが、嬉しいことに私の後輩たちもこの歩いての下見は続けているそうで、私が残した数少ない遺訓(?)の一つでしょう。

ただこの最初の20キロのマラソン初中継は、一部の方に「観光案内みたいだったね」と評価され、がっくりきました。

沿道の観客は50万人を超え、その歓声が今でもまだ耳に残っています。考えてみたら三十数年前、名古屋でのマラソン大会はこれが初めて。沿道の人たちにとっても珍しいことだったに違いありません。

レースは白熱の展開となりました。アメリカのキャシー・トーミーと当時アイドル的な存在の増田明美がゴール手前までデッドヒートを繰り広げます。おそらくは私も大絶叫で喋ったに違いありません。結末はわずかの差でキャシー・トーミーが優勝。増田選手は2位ながら、

1時間06分55秒で、当時の20キロの世界最高記録を上回ったのです。大団円の幕切れでした。その後、記者会見も終わり、増田明美さんにこの話をしたところ、「嬉しいですね。あのレースを知っていらっしゃる方がいたのですね」と昔を懐かしむ言葉。思わず私は、「何を言ってるんですか！　あのレースを実況したのは私で、解説は勇生君のお父さん、中尾隆行さんなんですよ」と申し上げると、増田さんはその歴史をすぐには理解できず、ポカーンとした顔で暫くは声も出ませんでした。

走った人と放送した人、さらにはその息子さんとの三十数年後の巡り合い。まさか、こんな形で思い出が復活しようとは……。その後、勇生君のお父さんの中尾隆行さんからも電話をいただき、私より当然年上ですが、いまだ元気いっぱい。ランニングは欠かさずやっているとのこと。最後はこの年代のお決まりの体調の話になり、「お互い長生きしましょう」で会話を終えました。時の流れが新たな出会いを運んできてくれたようです。

3　初めてのフルマラソン中継はフジテレビの東京国際マラソン

歴史を振り返ると、もはやまるで忘却の彼方のさらに向こうに思いがけない真実を発見することがあります。

私のフルマラソンの初の中継は、当然名古屋国際女子マラソン（現在の名古屋ウィメンズマラソン）だとばっかり思っていたのですが、実は１９８３年（昭和58年）にフジテレビが制作した東京国際マラソンだったことがわかり、これは意外で少しびっくりしました。

１９８３年（昭和58年）の東京・ニューヨーク友好83東京マラソンは、オリンピックを除けば最高の豪華メンバーが集まったマラソンとして世に知られています。その中でも主役は瀬古利彦でした。１９８０年代、「マラソンと言えば瀬古、瀬古と言えばマラソン」とまさにマラソンの代名詞的存在で、もし１９８０年（昭和55年）、冷戦下のモスクワオリンピックが日本にとって幻の五輪とならなければ、間違いなく１００％瀬古利彦は金メダルを獲得していただろうと言われていたのです。

その瀬古利彦は１９８１年（昭和56年）のボストンマラソンで優勝。再び日本のマラソン界の第一人者であることを立証したのですが、そのとき脚を故障、以来レースから遠のいてしまったのです。そして日本中が待ち望んでいた瀬古利彦の復活レースが1年10カ月ぶりの2月13日の東京・ニューヨーク友好83東京マラソンでした。

こればかりではありません。瀬古利彦とともにその時代を背負ってきた宗茂、宗猛の双子の兄弟が参戦を表明。そして伊藤国光も、海外からは当時全盛の最強と言われたメキシコのゴメス、さらには韋駄天《いだてん》タンザニアのイカンガー、モスクワの王者、東独のチェルピンスキーと次々と強豪が出場を表明。かくして史上まれにみる最強メンバーの大会になったのでした。

そんなフジテレビ制作の東京マラソンでなぜ名古屋・東海テレビの私が実況のメイン、第一放送車に乗ることになったのか？　実はその後、瀬古利彦さんご当人にも「どうして吉村さんが東京マラソンを放送したの？」と質問されたことがあるのですが、その内情は今でもはっきりとはわからないのです。

想像するに、名古屋スピードマラソン20キロの実況がある程度評価されたこと、フジテレビの天才アナウンサー岩佐徹氏が突然アナウンサーを辞めてしまったこと（後にまた復帰）、快男児福井謙二氏がまだ若かったこと、そして我が下山室長に常々聞かされていた「アナウンサーはツキだよ」が現実に起こったことなどなんでしょうね。

今の時代、同じテレビ系列といえどもそんなことは起こり得ないのですが、我々の時代はまだ創成期。新しい挑戦の時代だったような気がします。ただ、私を起用することについては、フジテレビの内部でも喧々諤々《けんけんごうごう》の論争があったと聞いていますし、系列の違いこそあれ、ある意味同志でもあったフジテレビの鈴木広巳、関法之、坂井義則（東京オリンピック最終聖火ランナー、真っ先に天国にゴールインしてしまった）のフジテレビらディレクターたちはおそらくは進退をかけて私を起用したに違いありません。さらに幸運なことに、私の乗る第一移動車のディレクターは同じ局の私の後輩ではありましたが、やがては永遠のライバル（？）と言われた筑紫正臣君が指名されたのです。これは助かりました。今はお互い年を取り、酒を飲んでは昔話ばかり。話の中心はやはりどうしても東京国際マラソンになってしまいます。

さて、大会が近づくにつれ気持ちは異様な高まりを覚え、そのプレッシャーは生半可なものではありませんでした。東京生まれの東京育ちと言っても意外と東京のことは知らないもので、まして東京を離れて数十年。原宿、青山、六本木と言われてもその発展ぶりはとんと理解できず、逆に田舎者になっていた自分がいたのです。

正月などあったものではありません。前の年の暮れからまずは地図を片手にお上りさんよろしく東京のマラソンコースを歩くことからスタートです。「アナウンサーは足で喋る」とは言ったものの、高度経済成長下の東京の変貌ぶり、発展ぶりは東京都中野区出身の私の想像をはるかに超え、分不相応の挑戦に何回となく心が砕けそうになりました。

しかし「執拗なる努力家」としてなんとか克服。正月を過ぎるとあっという間に東京・ニューヨーク友好83東京マラソン当日を迎えたのでした。

肌寒いながら青空が広がっていました。絶好のマラソンコンディションでした。瀬古利彦さんにとっても、東京のマラソンは別格だそうです。スタートは今はなくなってしまった代々木の国立競技場で、アスリートにとっては聖地。花の都東京ど真ん中を駆け抜け、後楽園、皇居、東京駅、芝増上寺、東京タワー、赤坂見附、赤プリこと赤坂プリンスホテル（なくなっちゃいましたね）、沿道を埋め尽くす観衆からの歓声、やがてゴールとして戻って来る国立競技場、待ち構える拍手と栄光の白いテープ、想像するだけでも鳥肌が立つと言います。

華やかな選手軍団。そしてレースは史上まれにみる熾烈な展開になったのです。ペースメイカーのいない時代。レースは飛び抜けた選手の独走になり、いわば単調なレースになることが多かったのですが、この東京マラソンはイカンガーゴメス、宗兄弟、そして瀬古等、戦前予想されていた優勝有力候補たちが30キロ過ぎまで先頭グループを形成、誰がどんな形でスパートするのか実況の私もおそらく沿道の観衆もテレビの視聴者も固唾をのんで見守るレース展開になったのです。

レースが動いたのは、35キロ赤坂見附の上り坂過ぎ（当時のコースは現在とは逆回り）、四谷通に入り、国立競技場はもう目前。あの強豪、優勝候補の筆頭と目されていたゴメスがなんと脇腹を押さえる。体調に異変か!?　このときを天才ランナーの瀬古利彦が見逃すわけがありません。瀬古利彦スパート！　ディレクターの筑紫君は飲みに行って酔っぱらうと、「いや、この瀬古のスパートの瞬間を撮りそこなってるんだ」と愚痴ります。私は「でも、ビデオを見る限りチャントト撮れてたと思うよ」と慰めますが、実は怖くてビデオを見たのはその後一回しかないのです。

吉村「瀬古がスパートしました！　みるみるうちに瀬古とゴメスの距離が離れていきます！　国立競技場の栄光のテープはもう間もなく!!（拍手）声援が一段と高くなります！　1年10カ月ぶり、あの強い瀬古利彦が再び帰って来ました！　オリンピックの金メダルへ向けて、瀬古利彦新たなる挑戦の始まりです！」と。

私の長く苦しい実況はこれで終わりました。この後、スタンド実況の大先輩、フジテレビの山田祐嗣アナウンサーが興奮気味に、「2時間8分38秒、日本最高記録！　瀬古利彦優勝です」。私は移動車の中で抜け殻のように唯々茫然と聞いていました。

視聴率37・5%という歴代6位の記録はまだ残っています。私の初マラソン中継はこうして終わりました。それは私のアナウンサー人生にとって大きな転換期となり、今なお忘れることのできない思い出の放送でもあります。

4　高橋尚子の日本記録「時計よ止まれ！」

20キロマラソンからスタートした名古屋女子マラソンは、1984年（昭和59年）から42・195キロのフルマラソンになり、名古屋国際女子マラソンとして新たな歴史を作ることになります。それは今日の名古屋ウィメンズマラソンまで、日本女子マラソンの歴史であったと申し上げてもいいと思います。多くのオリンピック選手を輩出、そして高橋尚子、野口みずき、二人の金メダリストを生み出しました。

私のフルマラソン初中継は１９８３年（昭和58年）、東京マラソンだったことは前述の通りで、つまりその翌年から名古屋のフルマラソンを中継したことになります。名古屋のアナウンサーとしては何とも不思議な体験です。頭の中の思い出の袋に入り切らないほどのたくさんの選手やレースの思い出が詰まっていますが、その中でも即座に袋の中から飛び出してくるのは、やはり高橋尚子さんです。

そこまでの歴史を飛ばすのはなんとも心苦しいのですが、名古屋国際女子マラソンの歴史を一気に進めて、実は１９９８年（平成10年）、私のアナウンサー人生の終わりが見え始めた頃から高橋尚子物語は始まりました。

女子マラソンの歴史は、佐々木七恵、増田明美の時代から真木和、鈴木博美、弘山晴美、松野明美と繋がり、有森裕子のバルセロナ銀、アトランタ五輪銅と日本女子マラソンは世界へと飛躍。そして高橋尚子シドニー、野口みずきアテネと遂に世界の頂点にまで達したのでした。

しかし記録面での伸びということになると、一気に縮まったとはいえませんでした。

1988年（昭和63年）1月、ソウルオリンピック代表選考会。大阪国際女子マラソンで宮原美佐子さんが日本女子として初めて2時間30分の壁を破る2時間29分37秒の記録を打ち立て、これが大きな一つの転機となりました。女子マラソンは、それまでの耐久力マラソンからスピードマラソンの時代に向かい始めたのでした。

さらに記録は次々と更新され、1994年（平成6年）、朝比奈三代子さんがロッテルダムマラソンで2時間25分52秒の当時の日本記録を出すと、もう2時間25分の壁を破るのは時間の問題と言われたのですが、なんとそれから4年近くもこの記録は破られなかったのです。

1998年（平成10年）3月8日の名古屋国際女子マラソンは、高橋尚子にとって2回目のマラソンでした。前年、アテネの世界陸上で先輩の鈴木博美が優勝したことに感激した高橋尚子は、小出義雄監督の指導のもと本格的にマラソン練習に取り組み始めていました。

実は私は、秘かに日本記録更新の期待をかけて朝比奈三代子さんのラップ表をお守りのように握りしめて実況席に座っていたのです。このレースのテーマは勝手に高橋尚子日本記録更新と決めていました。

しかし、レースは私の思惑通りには行きませんでした。30キロ近くまでイライラするようなスローペースで進み、朝比奈さんのラップを上回ることはなかったのです。ところが今とはコースが違っていますが、30キロ過ぎの「栄」の交差点の手前、地下鉄を乗り継いで応援していた小出義雄監督が絶妙なタイミングでカメラにアップで映されると、（小出付きのディレクターがいたんだそうです）小出監督は、「今だ！　ここから行け！」と大声で指示（その声はテレビに入ったのです）。まるでドラマのように劇的な高橋尚子のスパートが始まりました。

当時の放送は、センター方式と言われるもので私は移動放送車には乗らず、スタジオの無数のテレビモニターを見詰めながら実況していました。これには訳があり、それまでの女子マラソンは結構独走となるケースが多く、先頭の1号移動放送車のカメラもアナウンサーも独走の先頭ランナーしかフォローできない。それならばすべての映像をスタジオに集中的に集め、全体が見える形で放送しようとの考え方だったのです（現在は皆さん移動放送車に乗っているようですが……）。

レースは俄然スピードアップ。ラップは朝比奈三代子に近づき、これはヒョットすると日本記録ありかもの様相を呈してきました。心臓の鼓動は高まり頭の中は大混乱です。

レース実況はさることながら、ラップ、スプリットタイム、そして残り距離からゴール予想タイムを計算しなければいけません。数字には決して強いほうではないのですが、意外なことにこのマラソンのタイム計算だけは冷静にできるのです。どういう頭をしているんでしょうか。ある種の職業病（?）なのです。頭の計算では、わずかに日本記録更新と弾き出したのですが、それも極めて微妙なものでした。

その後も高橋尚子は快調に飛ばします。テレビのモニターでは、距離と時計が刻々と進んでいきます。

吉村「瑞穂競技場に高橋尚子選手が戻ってきました。大歓声です。時計との闘いです。4年ぶりに日本記録更新なるか！　バックストレートから間もなく第三コーナーです。高橋尚子、ピッチもストライドも快調。後半のタイムは驚異的です。このまま走れば大丈夫！記録更新です」

思わずテレビモニターの時計を見る。時計は無情に進む。

吉村「さー、第四コーナー。時計との勝負だ、時計よ止まれ！」

と思わず心の内が言葉になって出てしまいました。これは私の昔からの悪い癖です。心の中の思いを思わず言葉にして喋ってしまうのです。なのでよく怒られました。

吉村「高橋尚子、今テープを切った。2時間25分48秒、日本記録更新です！　やりました！マラソン二回目の高橋尚子。新しい日本女子マラソン界のヒロイン誕生です」

「時計よ止まれ！」はわがスタッフからは文句もなく、全員が高橋尚子の快挙に酔いしれていました。ところがこの言葉は意外と一人歩き、忘れ始めた頃、「吉村さん、時計は止まりませんよ！」などとあちこちでからかわれたりしましたね。

「口は災いのもと」と思いはしますが、いまだにこの癖は直りません。

この日本記録はあっという間に更新されます。その年の末、バンコクアジア大会で気温30度の猛暑の中、高橋尚子は独走。2時間21分47秒、当時としては驚異的なタイムで優勝しました。私の喋った日本記録は、一年も持たずの束の間の喜びでした。もちろん、その記録も月日とともに更新され、2001年（平成13年）のベルリンマラソンで、高橋尚子は世界で女子初の2時間20分を突破。その後、世界では2時間20分を切るのが当たり前の時代に突入しました。

「時計は止まりません！」ね。

5　高橋尚子のシドニー金メダルへの道

高橋尚子のシドニー金メダルの道も決して順風満帆というわけではありませんでした。

2000年（平成12年）シドニーオリンピックの前年、セビリアで世界選手権が開かれました。もしメダルを獲得して日本人最上位なら無条件でシドニー切符を獲得、小出・高橋陣営は当然この大会でのオリンピック決定を狙っていました。高橋はレース直前に左膝を痛め欠場せざるを得なかったのです。

高橋は怪我を押してでも出場する意欲は十分だったそうですが、ここは小出義雄監督の英断で欠場させることに。もしここで無理して出場していたら、高橋のシドニーでの金メダルはなかったような気がします。勇気あるリタイアでした。

その後も左腕骨折など体調万全とはいかず、おそらくは年が明けた1月の大阪国際で代表権を取りにいこうと狙いを定めた小出・高橋陣営でしたが、それもままならず、遂には3月の最後の代表選考会である名古屋国際に焦点を絞らざるを得なかったのです。私たち名古屋スタッフは大喜び。私もいわば最後のツキをもらったのです。

しかし、最後の名古屋に懸ける高橋のシドニー切符獲得は極めて過酷な条件の中に置かれました。まずはコースです。当時1月の大阪のコースはタイムは出るが、3月の名古屋のコースは少し気温が上昇し、さらにこの地特有の北西の風が吹き、北に向かう前半はもろに風の影響を受け、我が庭のコースをけなすわけでは決してないのですが、タイムが出にくいとの評判だったのは事実でした。

さらに代表枠は三つ。セビリアの世界選手権銀メダルの市橋有里はすでに代表決定。あと二人。前年の東京国際マラソンで山口衛里が快心のレースをし、2時間22分12秒で優勝。これでほぼ代表内定と言われたところに、明けて1月の大阪国際女子マラソン。

マラソンでオリンピックを狙うと宣言した「トラックの女王」弘山晴美がなんとルーマニ

アのリディア・シモンと大接戦の末2着に。2時間22分56秒の好タイムで有力候補の一人として名乗りを上げたのです。つまり、名古屋の高橋尚子は山口の22分12秒を切ればこれは文句なし。弘山の22分56秒を切るか、あるいはそれに近いタイムで優勝しなければ、シドニー切符の獲得は無理と条件は限りなく厳しいもので、ある意味絶体絶命の崖っぷちに立たされていたのです。

加えて高橋の体調は謎に包まれていました。

鹿児島県徳之島での最終の調整合宿の取材が許可され、我々スタッフも大勢の新聞記者たちとともにはるばる取材に出かけたのですが、小出煙幕は必要以上に強く、高橋との直接接触はかなり厳しく制限され、早朝のランニングも出発は撮影できたのですが、ゴールにはついに高橋は帰ってこなかったのです。インタビューは明るく受けてくれたのですが、体調が良くないのは何となくわかりました。しかし小出陣営の夜の宴会は、小出監督の一人舞台のもてなし。何だかよくわからないまま我がスタッフも新聞記者たちも帰路についたのでした。レースが終わったあと小出監督は、「取材は受けないわけにはいかず、決して体調の良くない高橋をどうやってかくまうか悩んだよ」と述懐されていました。

2000年(平成12年)3月12日、シドニーへの運命の最終選考会。名古屋国際女子マラソン。晴天、気温は上昇気味、風は少し強い北西の風、体調万全とはいえない高橋の走りは、やはり前半はスロー1時間12分40秒のペース。これでは2時間24分台、シドニー切符は無理だぞ。やがて中間点を過ぎ、22・5キロ過ぎ。前方に中日新聞社が見えたころ……。

吉村「22キロを過ぎました。集団は伏見通を南に向きを変えました。沿道は凄い人の波。タカハシ、タカハシの声援です。風は追い風に変わりました。高橋尚子、どこかでペースを上げなければいけません。オット、このときを待っていたか、高橋尚子スパートだ!! 風はまさに神風！ 風に乗ってシドニーへ一直線だ！ 見る見るうちに高橋尚子、集団との差を広げています！」

高橋尚子、2時間22分19秒の大会新記録で優勝。ゴールの直後、小出義雄監督と抱擁し合いながら言葉を交わす。

高橋「監督、これで良いですか?」

小出監督はただうなずくのみ。

弘山の記録を抜き、これは文句なしのシドニー切符獲得でした。

高橋尚子さんは、2000年シドニーオリンピック、ルーマニアのリディア・シモンとの競り合いに勝ち見事金メダル。これについては皆様よくご存じの通り。私もテレビ観戦しておりましたが、何も申し上げることはありません。高橋は引退後、「あの名古屋のレースが一番辛かった。でもあのレースは忘れられない最大の思い出のレースですね」

そのとき、「アナウンサーはツキだよ、吉村君！」とすでに東京に転勤になっていた恩師・下山室長の声が聞こえたような気がしました。「でも室長！　私の〝執拗なる努力〟もあったと思いますよ」と亡くなられた今なら抗弁できそうです。

高橋尚子さんとトークショー（2006 年）。見に来たお客様は盛り上がりぶりに、「時計よ止まれ！」と思ったはず……

東京マラソンの中継。真ん中が著者。
1983 年、旧フジテレビ（河田町）前で

6　思い出の足裏の詩人たち

この項では思い出のランナーたちの話をさせてください。

不思議なツキと言いましょうか、私はマラソン中継で3回の日本記録更新のレースを放送することができたのです。

1983年（昭和58年）、瀬古利彦の東京国際マラソン。

1998年（平成10年）、高橋尚子の名古屋国際女子マラソンの日本記録については前述の通りですが、さらにもう1回、1985年（昭和60年）、中山竹通の広島ワールドカップマラソンでも日本記録更新の放送に携わることができたのです。これもフジテレビ制作の番組でした。

中山竹通は1980年代後半、瀬古利彦、宗兄弟を追いかける形で登場。1990年代を谷口浩美、森下宏一などとともに日本のマラソン界の一時代を築いた選手でした。

この広島のワールドカップでは、ジブチのアーメド・サラと大接戦の末、破れはしたのですが、2時間08分09秒は瀬古利彦の記録を抜く日本記録でした。

その後も1988年（昭和63年）のソウルオリンピック4位、1992年（平成4年）のバルセロナオリンピックも4位とメダルにはわずかに届きませんでしたが、中山は長身、現代風の顔立ち、さらには歯に衣着せぬ言動でまさに新時代のマラソンランナーでしたね。

放送内容はとんと覚えていないのですが、例によって歩いての下見は平和記念公園、原爆ドーム、川の町、橋の町、どこを歩いても原爆の傷跡から逃れることはできず、その重苦しい感覚は今でも忘れることはできません。

実はそのときの放送のイントロ部分にまだ若かった阿久悠さんの詩が流れたのです。人一倍ロマンチストのフジテレビの関法之ディレクターのアイディアだったと記憶しています。

その一節に「足裏の詩人たち」と言う言葉が出てくるのですが、阿久悠さんがマラソンランナーを例えての表現だったと思います。最初にこの詩を拝読したときは、失礼ながら「足裏の詩人たち」って一体何なの?と思ったものでした。

しかし後日岐阜に戻り、当時の暮れの名物、全日本女子実業団駅伝（平成21年から仙台に場所を変えクイーンズ駅伝となる）を沿道で観戦（生でレース観戦するのは意外と少ないのです）。一流女性ランナーたちの美しく鍛えられた褐色の足がリズミカルに地面を叩く音、これはまさに動く芸術と感動、なるほどランナーたちは紛れもなく「足裏の詩人たち」でした。阿久悠さんの感性に改めて脱帽した次第でした。

足裏の詩人たちの思い出はたくさんあります。

1984年（昭和59年）から、名古屋20キロのスピードマラソンはフルマラソンになり、名古屋国際女子マラソンと名称を変えました。華やかな足裏の詩人たちの祭典は、名古屋に春を告げる風物詩となっていきました。

1985年（昭和60年）、名古屋国際女子マラソンは3月3日。ひな祭り決戦と名づけられました（考えたら1カ月後に前述の広島ワールドカップマラソンを中継しているのです）。それは佐々木七恵さんの引退レースでもありました。

佐々木さんは、女子マラソン創世記を代表するランナーの一人でした。

1984年（昭和59年）、佐々木さんは初めて女子マラソンがオリンピック種目になったロサンゼルスオリンピックに出場、19位でした。

まだまだ世界の壁は厚い時代でした。日本の女子マラソンはまだ耐久マラソンの時代。佐々木さんはその代表格で、その走法は当時のテレビドラマから〝おしん走法〟とも呼ばれていたのです。

オリンピック後、佐々木さんは結婚。そして競技と結婚生活は両立しないとの理由から引退を決意します。その引退レースとして選んだのが名古屋だったのです。1985年（昭和60年）3月3日。驚いたことに佐々木さんはこれが最後のレースとは思えないほど力走、引退レースと知っている沿道の観衆の温かい声援と拍手を受けながら、最後の〝おしん走法〟を披露してくれました。私たちはもっと軽い走りを想像していただけに、実況の私もスタッフ全員も意外な嬉しい裏切りに感動するばかりでした。

その名古屋国際女子マラソンもゴール近し、瑞穂公園陸上競技場が見えてきました。そこでまた私の悪い癖が。胸の感動をそのまま仕舞い込むことはできませんでした。

吉村「ひな祭り決戦。瑞穂公園陸上競技場が見えてきました。佐々木七恵選手力走です。なんということでしょうか。このまま行くと最後のレースで自己ベスト更新です。沿道の声援が一段と高くなります。様々な思いを込めながらも佐々木さんは表情一つ変えることなく栄光の最終ゴールを目指しています。最後のおしん走法です」とアナウンスした後、思わず「この栄光のゴールの先、女性としての幸せをぜひ掴《つか》んでください……」

なんという余計な言葉を発してしまったのでしょうか。失礼極まりないアナウンスです。今これを言ったらセクハラに問われます。本当に悪い癖です。

佐々木さんは2時間33分57秒、最後の引退レースで自己ベストを更新して優勝しました。いかなるときでも全力で走る。なんとも佐々木七恵さんらしいマラソン人生の終わり方でした。私のこのあまりに生意気な言葉、結構気にしていたのですが、その後佐々木さんにゲストとしてご出演いただいた番組で、このコメントのお詫びをしたところ、「覚えています。ビデオで見ました。とても嬉しかったですよ」と言われ、ほっとしました。

その佐々木さんは、２００９年（平成21年）、満53歳の若さで人生の終焉を迎えてしまいました。そのニュースを聞いたとき、しばし涙が止まりませんでした。

また、名古屋国際女子マラソンといえば、１９８８年（昭和63年）、１９８９年（平成元年）と二連覇した中国の趙友鳳も忘れることのできない選手です。

特に「１９８８名古屋国際女子マラソン」は、前の年に優勝し世界的名ランナー、オランダのカーラ・ビュースケンスが圧倒的一番人気。おそらく連覇するだろうとの前評判。ところが全く無名だった趙友鳳がビュースケンスを抑え、２時間27分56秒という当時のアジア記録を更新して優勝（その年、大阪で出した宮原美佐子選手の２時間29分37秒が日本記録でありアジア記録でもあったのです。ということは、私は４回、記録更新のレースを実況したことに改めて気がつきました）。

趙友鳳は一躍世界に名を轟かしたのです。これには驚きました。趙友鳳は中国江蘇省生まれ。江蘇省と友好関係にあった愛知県から陸上競技指導のために派遣された竹内伸也監督（愛知教育大学陸上部監督。後に東海銀行陸上部監督）にその才能を見いだされ、中国から名古屋へ陸上留学した選手で、竹内監督の自宅に住み込んで竹内監督の指導の下に力を付けた選手です。その人懐っこい笑顔で日本にもすっかり溶け込み、我々の間ではアイドル的存在でした。

中国で生まれ、日本が育てた趙友鳳はその実績で１９８８年（昭和63年）、ソウルオリンピックの中国代表に選ばれます。そのオリンピック日本の代表を尻目に最後まで優勝争い。こうなれば中国も日本もありません。私も大声援を送りました。結果は5位入賞の大健闘でした。翌1989年（平成元年）の名古屋国際も連覇。こんなに優勝が嬉しいと思った中国人アスリートは、後にも先にも経験がありませんし、忘れられない選手の一人でもあります。スポーツに国境がないことを身をもって知りました。

陸上トラック長距離競技で、3大会連続でオリンピックに出場し、「トラックの女王」と言われた弘山晴美は、トラック競技では世界の壁が厚く、メダルを取るのは不可能と判断、マラソンへの挑戦を決意します。

初めてフルマラソンに挑戦したのは、1991年（平成3年）の名古屋国際でした。当時22歳。話題を呼んだその挑戦は、最後は歩いてゴールという散々な結果に終わりました。しかし彼女のマラソンへの挑戦は本気でした。

2000年（平成12年）、シドニーオリンピックはトラック競技ですでに出場内定を受けていたのですが、これをあえて辞退し、その年の大阪国際に挑戦。リディア・シモンと接戦の末、2位ではありながら2時間22分56秒の好タイム。一躍シドニーのマラソン候補として名乗りを上げます。

その辺りの争いは高橋尚子編でお話した通りなのですが、実はもう一度見たい映像としてぜひ再放送してほしいのが、あの2000年（平成12年）のシドニーオリンピック選考会、高橋尚子激走の名古屋国際女子マラソンで、弘山晴美を追いかけているドキュメント「輝け！日本のアスリートたち　夫婦で挑むシドニー」（ＮＨＫ制作）です。あるホテル、たぶん名古屋で夫の勉さんと一緒に私が実況する放送を見ながら一喜一憂する姿を捉えたもので、オリンピックでメダルを取るより、オリンピックの代表になるほうが難しいという現実を具現化したような番組でした。

市橋、山口はほぼ内定。残りの１枚は高橋か弘山か、恐れ多くも私のタイム換算に聞き入る弘山晴美の顔が曇りました。私の実況の音が小さく流れ、高橋尚子の予想ゴールタイムは弘山の大阪を上回ると実況したときでした。弘山のシドニーフルマラソン代表落選が確定しました。このドキュメントのこの場面は忘れられません。その後、結局はシドニーへはトラック競技で出場することになるのですが、トラックの女王弘山はついに一回もマラソンでのオリンピック出場はできなかったのです。

そして時は流れ、２００６年（平成18年）の名古屋国際女子マラソン。私の現役の時代は終わり、テレビ観戦をしていました。そこで37歳になった弘山が念願のフルマラソン初優勝を果たしたのを見たのです。ゴール直後、夫の勉さんと抱き合って号泣する姿に涙する人は多かったに違いありません。もちろん私もあのドキュメントの姿を思い出しながら涙。本当に涙もろくなりました。その後弘山晴美は、40歳まで走り続けました。

もう一人、アテネオリンピック金メダリスト、野口みずきの初マラソンも実は名古屋だったのです。野口みずきは、三重県の出身。初マラソンまで様々な苦労をしたのですが、それはさておき彼女はハーフマラソンに強く、「ハーフマラソンの女王」と呼ばれていたのです。2002年（平成14年）、私の定年が近づいたころ、名古屋国際女子マラソンは私の現役において、ほぼ最後に近い実況でした。

野口、初めてのフルマラソン挑戦です。彼女の走りはピョンピョン飛ぶような走法からマラソンには向かないといわれており、実はあまり前評判は良くなかったと記憶しています。何のことはありません。野口、快走でした。

吉村「野口みずき選手が、今瑞穂公園陸上競技場に戻ってきました。気温はなんと20度を超えました。この苦しい状況の中でも、ハーフマラソンの女王といわれた野口みずき選手。今やフルマラソンにも強いことを実証したのです。2年後のアテネオリンピックへ向け、新しいヒロインの誕生です。今栄光のテープを切りました」

この実況のあと、ある方に「オリンピックは無理だろう」と言われ、私は「いや、絶対代表になりますよ！　金メダルを取りますよ！」

むきになってそう反論しましたが、別にそのときは根拠があったわけではありませんでした。

しかし、2年後の2004年（平成16年）、アテネオリンピックマラソンで見事金メダル！ どうだ！ 私の実況に間違いはなかっただろう！

足裏の詩人たちの足音は、その後何年たっても私の耳に心地良いリズムを刻んでいます。

7 フジテレビ史上最大の放送事故となったパリ国際駅伝

パリ国際駅伝をネットで検索すると、なんと放送事故の項目に入っていました。これには少し驚きました。

1990年（平成2年）10月28日、90国際親善パリ駅伝は忘れることのできない放送であり、私にとってもそのときのスタッフにとっても、またフジテレビにとってもトラウマになっている放送です。

フランス・パリは、旅行で行ったことなどなく、仕事でこのパリ駅伝と、体操の取材でストラスブール世界選手権の帰りにほんの少し立ち寄ったくらいです。凱旋門、エッフェル塔もルーヴル美術館もチラリ見程度。セーヌ川は車で通っただけ。芸術の都パリの香りをわずかばかり嗅いだだけなのですが、チャンスがあれば、もう一度行きたいところのナンバーワンであることは間違いないでしょう。実にパリは魅力ある街です。

「日本発祥の駅伝を世界各国のランナーたちがタスキをつなぐエキデンレースとして、花の都フランス・パリを舞台に放送しよう」。「こんな駅伝見たことない！」のキャッチフレーズ、ワクワク感たっぷりの魅力十分の放送企画です。それにしても「こんな駅伝見たことない！」はどこかで聞いたフレーズです!?

日曜日のゴールデンタイムの生中継。ある意味フジテレビの社運を懸けての放送でした。私もスタッフの一員として第二放送車を担当、センターのメインアナウンサーはエースに成長した福井謙二。第二担当といっても、日本人ランナーはたぶん私の想定では極めて大事なポジションです。結構張り切ってパリに乗り込んだ記憶があります……。

が、コースも内容もやがて起きるショックでほとんど覚えておらず、また正直、これだけはもう一度調べる気力もなく、細かいことはご勘弁ください。リハーサルも順調。次の日の本番前に、歩いてエッフェル塔まで散歩しました。英気を養いながら何気なく空を見上げると、そこには黒い雲。慌てて宿舎に戻ると何やらスタッフ間に不穏な空気が。大問題です！天気予報が悪すぎるというのです。

これには説明がいるのですが、果たして技術に弱いアナログ人間の私の説明でわかっていただけるでしょうか？　当時のマラソン中継は、必ずヘリコプターを飛ばさなければなりませんでした（現在は全く放送形態が違い、ヘリコプターは飛ばしません）。

つまり、放送車の電波を上空のヘリコプターに送り、受けた電波を本社に送るというシステムになっていたのです。ですから、私たちが放送した初期のマラソン中継は、良い天候でヘリコプターが飛ばせる態勢と悪天候でヘリコプターを飛ばせない態勢、あとは悪天候用に固定カメラの映像のみの態勢の三つの台本があったのです。ですから放送当日の朝は、いや前日からも技術さんばかりでなく私たちアナウンサーも空を見上げていたものです。

10月28日、90国際親善パリ駅伝。不安な一夜を明かし、いよいよ当日の朝、エリゼ宮のスタート地点へ。予想的中。雨が降り始める、風も強くなってくる。まるで台風。ヘリコプターはどうだろうか？　上空を見上げるとヘリコプターの影は無い！　第二放送車では状況が全くわからず、とにかくゴー（放送をスタートする）しかない。

レースは待ってくれない。スタートしました。しばらくして第二放送車同乗のディレクターが「吉村さん、もう喋らなくて結構です」と私に悲しげに指示。冗談じゃない！　何のためにパリまで来たのだ。こんな思いをするのは初めての経験。今までの放送のツキをすべて一遍に捨ててしまった感じでした。帰ったら同僚に何て言われることか。情けない！

途中、第二放送車は何回か日本人選手と遭遇するも、ただ見送るばかり。陸に上がった河童同然、何もできないまま、ゴール地点のエッフェル塔に到着しました。そのまま福井アナに謝ろうと（別に私が悪いわけではないのだが）センターに入ると、福井アナも茫然自失状態で「私もほとんど喋っていないのです」。事態は最悪の局面だったのです。

すべては終わった後に判明しましたが、悪天候のためヘリコプターをスタート時に飛ばすことができず、30分後に飛行させたもののスタートやゴールなど7カ所の固定カメラの映像以外は乱れ続け、放送の映像としては使いものにならなかったのだそうです。

日曜日、それもゴールデンタイムの生放送です。フジテレビのスタジオにいた露木茂アナとゲストのＦ１レーサー、鈴木亜久里のトークで番組を進行するも、ほとんどパリからの映像はなし。過去のマラソン中継や駅伝の映像を流しながら、「諦めの放送」を続けたそうです。放送中は、視聴者からの苦情の電話が殺到。フジテレビ史上最悪の放送事故になってしまいました。

人間、ツキから見放されることも、またあるのです。

8　駅伝中継―馬俊仁と馬軍団

様々な駅伝中継も経験させていただきました。

広島国際駅伝、千葉国際駅伝（いずれもフジテレビ制作）などの実況にもたくさんの思い出がありますが、強烈な印象として残っているのは私ども東海テレビが制作した「日中友好万里の長城駅伝大会」の実況です。

この話を最初に聞いたときは、あの万里の長城の壁の上を走る歴史的な駅伝中継だなと身震いした覚えがありますが、これは私の早とちりでどう見ても無理です。

「第一回日中友好万里の長城駅伝大会」の中継は、今から約30年前の１９８６年（昭和61年）4月20日のこと。中国北京市郊外懐柔県《かいじゅうけん》の小さな田舎町から、慕田峪《ぼでんよく》の万里の長城の入り口まで、あんずの花咲くのどかな田園風景の中、時に荷物を運ぶ牛に邪魔され、時に養豚場の臭いに閉口しながらのコースでした。さすがに歩いての下見は無理でした。

歴史の授業で覚えた万里の長城は、明代に造られた月から見える唯一の建造物と言われ（誰も見てない）、東端の遼寧省から甘粛省まで総延長2万キロとも言われる想像を絶する人工壁。ただし現存する壁はほぼ６０００キロで、最近になってその修復の杜撰さが問題になり、ニュースで取り上げられたのはご存じの通りです。

万里の長城の中で最も有名で観光客が多いのは、八達嶺《はったつれい》という長城で、「万里の長城に行きたい」と言うとまずはここへ案内されるほどですが、慕田峪の長城ははっきりとした歴史は知りませんが、当時新しく開発されたばかりの長城で、私どもが訪れたときはまだロープウェイも建設中。したがって、その長城取材はスタッフ一同撮影機材を担ぎ、延々と山道を登り大変な労力を要した撮影でした。

長城のてっぺんから見る景色は美しく爽快感十分でしたが、よくぞ大昔にこんな壁を造ったものだと歴史の雄大さに圧倒されるとともに、何とも言えない虚しさ、儚さを覚えたのも事実で、そんなリポートをしたような記憶があります。

そして、その実況中継は、中国側スタッフとの言葉の違いは仕方ないことですが、考え方の違いに悩まされましたね。耳障りなほど高音で早口な喋りの割に仕事は何とものんびり。楽しんでいるのか義務感欠如なのか、本当にこの人たちは我々が指定した場所に集まってくれるのだろうか。自分の実況の心配より、中継そのものをやれるのかどうか、スタートの瞬間までヒヤヒヤしていました。不思議なもので最後の最後に彼らは瞬発力を取り戻し、内容はともかく、無事放送を終えると先ほどまでのもやもやは消え、中国人スタッフと感動的な握手をしたものでした。我々日本人がせっかちで細か過ぎるのでしょうか。

当時の記録等についてはまるで覚えがなく、これもやはり図書館の新聞縮刷版に頼らざるを得ませんでしたが、第一回大会は１９８６年（昭和61年）４月20日で中日新聞の一面を飾る日中友好の大イベントであり、また中国で初めての歴史的駅伝であることを改めて知りました。

新聞の記録によると、第一回大会には中国からは北京隊、北京体育学院等10チーム、日本からは愛知県、名古屋、順天堂大学など18チームが参加。優勝は愛知県選抜で、後記として

「中国チームは初めての経験で、日本のレベルの高さには付いていけなかった大会であった」と書かれていました。私もおそらくもやもやの中、そんな実況をしたに違いありません。

新聞の縮刷版で後をたどるにつけ、記録は破られるためにあるものだと知り少々愕然としました。その後の大会で、日本と中国の陸上の歴史は逆転します。しかも圧倒的に差を付けられて日本は勝てなくなります。

１９９０年（平成２年）の第五回大会からこの万里の長城駅伝はコースが変わり、なんと北京市のど真ん中で行われるようになります。あの天安門広場、長安街を駆け抜け、故宮をぐるりと一周するまさに中国の歴史そのものをたどるような大舞台での駅伝になったのです。

中国は男女とも圧倒的な強さを発揮。日本はもはや相手にはなりませんでした。この頃から中国の陸上、特に女子選手の中長距離は目覚ましい勢いで発展します。そして馬俊仁《ばしゅんにん》監督率いる馬家軍《マーチャージン》、日本語では馬軍団の女子選手の登場に世界の陸上界は震撼させられることになります。

さかのぼって１９８３年（平成５年）、日本の国体にあたる全国中国運動会で馬軍団の曲雲霞《きょくうんか》、王軍霞《おうぐんか》などが当時の女子の中長距離の世界記録をことごとく更新、馬軍団を率いる馬俊仁は世界の耳目を集めることになります。

女子選手たちは、全寮制の厳しい規制のもと高地での独特の練習方法、食事は彼自ら料理し、さらに彼が調合した漢方薬中心のドリンク剤も関心の的になりました。しかし、世界中がその強さの秘密を探ったのですがほとんどがベールに包まれていたのです。その世界記録の凄まじさは、いまだに王軍霞の３０００メートルの世界記録は破られておらず、１万メー

慕田峪《ぼでんよく》の万里の長城駅伝で実況（1986 年）

中国懐柔湖を背に万里の長城駅伝の実況（1986 年）

トルの世界記録は２０１６年のリオオリンピックで破られるまでは世界トップの記録だったことでもおわかりいただけると思います。

北京駅伝の中継の折、その馬俊仁監督にインタビューすることができました。彼は完全に我々をのみ込んでいました。上から目線、高音のしわがれ声、まさにインタビューというより演説でした。誰かを思い出しました。そう、顔は似ていないのですが、その雰囲気はあのヒトラーをほうふつさせるものでした。陸上界の独裁者気取りでした。圧倒されるばかりで内容はほとんど覚えていないのですが、「上半身はダチョウ、下半身はシカをイメージしろ」とわけのわからない言葉だけが印象に残った会見でした。

世界のスポーツは、今やドーピング疑惑に揺れ動き、この原稿を書いている間も北京オリンピックでのジャマイカ・リレーチームによる疑惑が報じられ、ウサイン・ボルトが金メダルを返還するという騒動に少々うんざりせざるを得ません。しかし、不正はまだまだなくなりそうにありません。

世界を震撼させた馬俊仁は、その厳しい規律から軍団離反者が続出。最後には誰もが予想したドーピング疑惑で中国陸上界から追われるがごとくその競技人生を終え、現在はドッグブリーダーとして生活しているそうです。犬にドーピング検査はないでしょうね？　北京国際駅伝は、年ごとに変貌する北京の街で２００５年まで続けられました。

9　体操―塚原の月面宙返り、チャスラフスカの尻餅

現在の日本の体操競技第一人者、内村航平選手は凄いです。まだ28歳ですが、２０２０年東京オリンピックでも体操競技の中心選手として活躍してくれることは間違いないでしょう。実は彼の演技を見ていると、何だか昔の体操選手の雰囲気とにおいを感じます。これはおそらく私だけかもしれません。彼の演技を見るとなぜか血が騒ぎますが、理由は自分でもよくわかりません。

私の実況全国放送はボクシングから始まり、野球、その次が体操で、ゴルフ、マラソン中継より早く、キャリアは結構長いのです。〝体操の吉村〟とも言われていたのですが、チョットこれは分不相応で生意気でしょうか。

１９６４年（昭和39年）の東京オリンピック。遠藤幸雄、鶴見修治、山下広治等のメンバーで前回のローマオリンピック（ここでは小野喬が鉄棒金メダル）に続いての団体２連覇。そして遠藤幸雄の個人金メダルで、〝体操ニッポン〟は世界に知られるようになり、やがて中山彰規から加藤沢男、塚原光男、監物《けんもつ》永三、笠松茂等の名選手の出現で、日本の体操の地位は不動

のものになります。

そして１９６０年（昭和35年）から１９７８年（昭和53年）まで体操男子はオリンピック、世界選手権団体10連覇の偉業を達成。名実ともに「体操ニッポン」「体操は日本のお家芸」の時代でした。

しかし、１９７８年（昭和53年）の仏ストラスブールの世界選手権の団体優勝は、私も取材に出かけて実際に現地で感動を味わったのですが、実はそのときの優勝から暫くは体操の暗黒時代が始まることなど知る由もありませんでした……。

体操放送への関わりは、確か東京オリンピックのその年の凱旋記念放送だと記憶していますが少しうろ覚えです。はっきりしているのは、１９７０年（昭和45年）に全国ネットの中日カップ国際体操競技大会（現在の豊田国際体操競技会）から私の本格的な体操競技実況が始まったことです。まさに体操の全盛期と重なります。

世の中はＩＤの時代。テレビはデジタルの時代。しかし、アナウンサーはいまだに皆アナログ人間です。アナウンサーの知識がないままアナウンサーになった人間は、先輩の教えと先人たちの放送が頼りで、結果として先輩アナの物真似しか巧くなる道はなかったような気がします。アナウンサーには物真似上手な人が多いのです。

体操の物真似のお師匠さんは、ＮＨＫの鈴木文彌アナでした。アナウンサー史上伝説の人であり、高音、独特の語り口調、東京オリンピックバレーの「金メダルポイント」体操の「ウルトラC」等造語の名人でもありました。

体操の実況に関しては、誰が何と言おうと古今東西第一人者、彼より秀でたアナは出ていないと断言します。実はお目にかかったことは一回しかないのですが、人づてに「吉村君も体操頑張っているね」と聞かされたときは、天にも昇る気持ちになりました。人に聞いたことで実際のところはわかりませんが、励みになったのは事実でした。

何より体操の知識が凄い。おそらく体操素人にとっては複雑怪奇としか言いようのない難度表を全部暗記していたとも言われ、私は鈴木アナが放送するときはもちろん正座。メモ帳片手に一言も聞き洩らすまいと耳を傾けていたものです。

あの1972年（昭和47年）のミュンヘンオリンピック。塚原光男の鉄棒の着地の大技「月面宙返り」「ムーンサルト」が見事に決まり、日本中が感動の渦に巻き込まれたのはついこの間のことのように思い出されます。今の時代、「月面宙返り」「ムーンサルト」は当たり前。むしろ死語に近くなるほど、技の多様性と難易度の高度化にはただただ驚くばかりです。しかし塚原光男のこの「月面宙返り」こそがまさにコロンブスの卵で、その後の世界の体操界に大きな転換期をもたらした革命的な技であったと思います。

トランポリンのハーフインハーフの技から、塚原光男が苦心して編み出した鉄棒の着地。

後方2回宙返り1回ひねりの大技を初めて見たときは（確か1972年（昭和47年）のミュンヘンオリンピックの前の年の全日本体操）何が何だかわからず、「エッ！　この技は何？　どんなふうに体をひねったの？」と当惑するばかりだったことを覚えています。早速帰ってビデオで鈴木アナの実況を聞いたのですが、鈴木アナは、「塚原光男！　木の葉落としの大技で着地です！」と絶叫。確かに木の葉がひらひらと舞い落ちる姿に似ており、これは「木の葉落とし」の新技なのだ、さすが鈴木アナと感心しながら繰り返し見たものでした。

ミュンヘンオリンピックでは塚原光男がこの技の着地を見事に決めて金メダルを獲得。しかしそのときからこの技の名は、「月面宙返り」「ムーンサルト」として広く知られるようになり「木の葉落とし」の鈴木アナ苦心の造語はいつの間にか消えていました。

当時の最大のニュースであるアポロ11号の月面着陸にヒントを得た命名は流石の鈴木アナも敵わなかったのでしょう。まさにコロンブスの卵。塚原光男のこの「ムーンサルト」いや「木の葉落とし」の技が世界の体操界の転換期になったと申し上げても過言ではないと思います。体操界は、技の開発競争の時代を迎えたのです。

どんなに時が経とうとも、世間から忘れられていようとも、鈴木アナは我が心の師。2013年（平成25年）に88歳で亡くなられました。「木の葉落とし」と鈴木アナの名調子は私の胸に深く刻まれています。

私にとって女子の体操の極致は、ベラ・チャスラフスカ（チェコスロバキア、現チェコ）に止めを刺します。１９４２年（昭和17年）生まれのチャスラフスカは、１９６４年（昭和39年）の東京オリンピック、さらには１９６８年（昭和43年）のメキシコオリンピックと個人総合で２連覇した体操の名花でした。

その美貌、姿形もさることながらバレエを想わせ、優雅でまるで天女が舞い降りて踊っているような演技を忘れることができません。これこそが体操だと今でも思っています。しなやかな女性の美しさより、技優先の現代の体操には何か違和感を覚えてしまうのは私だけでしょうか。

こよなく日本を愛したチャスラフスカは何回となく日本を訪れています。私も２回ほど放送のチャンスに恵まれました。いつどこで放送したとかその内容についてはほとんど覚えていないのですが、一つだけ忘れられない出来事があります。今思えば大したことではないのですが、なぜか克明に覚えています。

それは大会前日（どんな大会か覚えておらず、たぶん中日カップ）、中京大学に練習をしに来たときのことでした。関係者、報道陣、学生とまるで演技会のように超満員の盛況の中、チャスラフスカが登場しました。金髪、透き通るような白い肌、白のレオタード姿のチャスラフスカ。穏やかな微笑みと何かを見つめるような潤んだ眼差し。しかしその態度は毅然としており、我々はただただ茫然。冗談を言える雰囲気もなく沈黙が会場を支配します。事件はそのとき起こったのです。アップが済むと、彼女はまず跳馬から練習を始めました。

吉村（あくまでも仮想の実況）

「あのチャスラフスカが目の前にいます。金髪がたなびいています（体育館でたなびくわけなし）。白のレオタード姿眩しく、まるで地上の人魚か!?　舞い降りて来た天女か!?　一点を見詰めるブルーの瞳は、獲物を狙う女豹のごとく今助走に入りました。その姿、カモシカのごとく優雅に今跳んだ！　美しく羽ばたく天空の鶴だ！　オット！　どうした！　着地失敗。尻餅だ！　あのチャスラフスカがお尻から落ちてしまった！」

なんともわけのわからない実況で申しわけありません。あの瞬間の不思議な空気、ほんの数秒の出来事がスローモーションのように今でも思い出されます。

気まずい沈黙の中、やがてチャスラフスカはゆっくりと立ち上がり何ごともなかったように破顔一笑、そして自ら拍手。さらには我々にも拍手を要求するかのように手を差し出したのです。救われたように満場拍手喝采です。手を振ってそれに応えるチャスラフスカ。空気はなごみ、やっとチャスラフスカと我々は一緒になれたのでした。

チャスラフスカはその後国内の政治紛争に巻き込まれるなど晩年は波乱の人生を過ごし、２０１６年（平成28年）、74歳で天空に戻ってしまいました。

時は経ち、１９７６年（昭和51年）のモントリオールオリンピック。ナディア・コマネチ登場で体操界はがらりと様相が変わります。白い妖精と言われたコマネチは、機械仕掛けの人形のようにミスがなく、チャスラフスカとはまさに対照的な演技で一世を風靡しました。モントリオールオリンピックの体操、コマネチは10点！10点！10点！と体操の採点ではあり得ないと言われていた10点満点を連発、世界中を驚かせます。

優雅に舞ったチャスラフスカとは違い、表情一つ変えることなく大技を決め、採点の10点のときだけは笑顔で場内に手を振るその姿は「優雅さ」から「技」の時代へと女性の体操界の転換期の象徴でした。

コマネチは、モントリオールオリンピックのその年の暮れに初めて日本を訪れ、大フィーバーを起こします。私たちの放送の中でもコマネチはミスをすることなく、表情一つ変えることなく演技。そして何ごともなかったように帰っていきました。

チャスラフスカとコマネチ。どちらもその時代を代表した体操の名花です。あなたはチャスラフスカ派？　それともコマネチ派？　私は断然チャスラフスカ派です。

10　ゴルフ中継ーフェアウエーの妖精ローラ・ボー

プロゴルファー松山英樹の活躍は嬉しい限りです。日本人初のメジャータイトルの可能性も十分あるのではないでしょうか。その瞬間を想像するだけでワクワクします。

アナウンサーの知識がないままこの業界に入ってしまった私にとって、正直スポーツアナウンサーとは野球放送をするアナウンサーだとばかり思っていました。ところが、そんな認識とは違って予期せぬ仕事ばかりで戸惑いました。ボクシング放送がスポーツアナとしての全国デビューでした。さいわい、学生時代から結構興味のあったスポーツだったのでたいした違和感もなく放送に取り組めました。しかし、ゴルフだけは全く頭の中になかったスポーツでした。ましてや、自分がゴルフ放送をやろうなどとは微塵も考えていませんでした。

それから時を経て、年を取るにつれ今では下手の横好き。ゴルフなしにこれからの人生は考えられず、その上に〝狂〟がつくほどのゴルフ好きになってしまい、放送の合間はもちろん、道路を歩いているときでも体が勝手にゴルフの素振りを始めてしまう自分がいるのです。駅のホーム、傘でゴルフスイングの真似をしている人たちを一番軽蔑していた私自身がですよ。時の流れは人を変えます。

1970年（昭和45年）、東海テレビ制作のゴルフ「東海クラシック」の放送が始まり、以来なんと半世紀近くの歴史を重ね、私もほぼ定年まで30回以上もゴルフ放送に関わってきたことになります。今の時代、まるで日常の一部のごとく安心感をもって見られるゴルフ放送。しかしその始まりは生みの苦しみに悩まされるものでした。

正直、テレビ中継でしか見たことのなかったゴルフ。知識もなければ道具もなし。ゴルフボールすら触ったことのない私。いや、ほとんどのスタッフもそんな状態でゴルフ中継の準備を始めたのです。言葉は良くありませんが、今でこそ猫も杓子もゴルフをやる時代。アマチュアの大会となれば、学生が主力。時には小学生や中学生までもが大会に出場してくるほどですからね。道具が良くなったおかげもあるのでしょう。皆可愛い顔をしながら憎たらしいくらい飛ばし、そして巧いのです。君たち本当に学校行っているの？と聞きたくなります。

1960年代から1970年代前半くらいまで、ゴルフはある種の特権階級の人たちがするスポーツのイメージが強かったような気がします。当時のサラリーマンの世界、必ずと言ってよいほどゴルフ好きの上司が二人や三人いたものです。朝出社するやいなや、ゴルフ談議。スイングがどうだとかグリップはこうだとか、仕事を始めようとしている我々には迷惑この上ない言動でしたね。

そんな上司から浴びせられる、「吉村君、ゴルフやらずしてゴルフ中継なんかできるわけないからね」などの言葉にどれほど悩まされ、頭にきたことか!……と言いつつも、今や自分も彼らと同じ世界にいることに気がつきます。若手をつかまえては、「ゴルフ放送をやるからにはゴルフをやらなければできないよ」などと説教しています。歴史は繰り返されるもののようです。

仕方なく始めたゴルフ場での実戦練習は、信じられないようなゴルフのルール無視。笑うのも恥ずかしいくらいの珍プレーの数々。キャディさんには怒られただひたすらクラブを持ってフェアウエーを走る。「ゴルフとはマラソンのようなもの」「生みの苦しみとは恥をかくことである」。これはゴルフの経験をもとに私が作った言葉です。

今考えれば、にわか仕込みでゴルフを勉強した我々スタッフ、そして応援してくれる各局のアナウンサー、ディレクターたちと夜遅くまでの喧々諤々の議論。その経験が後にどれほど自分のアナウンサー人生の役に立ったことか……。かくして、１９７０年（昭和45年）秋。第一回東海クラシックゴルフは幕を開けたのです。

覚えている方はいらっしゃいますか？　総合司会の高橋圭三さんの第一声。

「言うことなしの秋晴れです……」

あの軽快で切れのある圭三節と、17番ホールの放送席にいた私の心臓の鼓動は死ぬまで忘れることのできない……そう宝物なのです。あれから半世紀が経ちました。

忘れられないプロゴルファーたちはたくさんいます。

青木功、ジャンボ尾崎、倉本昌弘……。言いだしたら切りがありません。青木さん、倉本さん、そして解説の松井功さんには正月のゴルフ特番でお世話になりました。そういえば、正月はゴルフ特番が目白押しでしたが、最近は地上波ではめっきり少なくなりました。これも時代の流れですかね。

少し余談になりますが、実は下手の横好きで始めたゴルフですが、なんと私は3回もホールインワンをやっています。これでいかにホールインワンが偶然なものかおわかりいただけると思います。私よりはるかにゴルフ上手の人でもホールインワン経験のない人が結構いますからね。あまり自慢しないようにしています。

２０００年（平成12年）2月、いつものように沖縄ドラゴンズキャンプ取材中での出来事でした。これはなかなか会社の上層部には理解してもらえないのですが、キャンプには通常4日、5日くらいの周期で休みがあります。選手たちは休養に充てたり、あるいは観光したり、中にはゴルフをやる選手もいます。大事な気分転換なのです。

我々報道陣も特に取材がなければ皆自由行動ということになり、私はゴルフ好きの記者さんや解説者の方とゴルフをやることになりました。我々とて気分転換は必要です。ところが、上層部にはなかなか理解してもらえません。

これが悲劇の一番の要因でした。場所は沖縄ロイヤルゴルフクラブ。パートナーの中には、かつてのスター選手で監督経験もある中利夫さんがいらっしゃいました。８番ホール１３３ヤードパー３。これがまた偶然にもナイスショット。ピンに一直線。見事にホールインワンです。仲間は新聞記者ですから、フラッグを掲げ意気揚々たるところをすぐに撮影してもらいました。中さんも一緒ですから、これは大変な記念になるぞと気分絶好調。帰りのビールのうまいこと。ここまでは良かったのです。悲劇が起こることなぞまるで思いもしませんでした。

翌日、朝早々とキャンプ取材に出かけると、このホールインワンは結構プレス仲間では話題になっており、悪い気はしなかったのですが、一緒に回った新聞記者が「少し記事にしたよ」と一言。当然ながら沖縄ではその日の内にその記事を読むことはできません。どんな記事かわからず嫌な予感がしましたが、予感は見事的中です。上司から早速電話がかかってきました。

「おい吉村、お前沖縄に遊びに行ってるのか！　新聞記事にベテランのアナウンサーがホールインワンやったって書いてあるぞ！　ベテランのアナウンサーと言えばお前だろう！」

これは結構理解してもらえません。休みはキャンプ地でも当然あるのですが、遊んでいると思われてしまうのです。記者を問い詰めると、「いや、名前は書かなかったよ」との返事。しかしベテランと書かれれば、大体想像がつきます。どう言い訳しても駄目で、帰ってからも大目玉でした。プレーは完全にオフの日に。時と場所をくれぐれもお間違いないように……。話がそれて申し訳ありません。

今では東海テレビ制作の男子ゴルフ、女子ゴルフはそれぞれ別のゴルフ場で日程も変えて開催されていますが、最初の東海クラシックは同じ日程で同じ三好カントリークラブ西コースを使って男女同時開催で行われていました。

これはスケジュール調整が大変でした。女子のトーナメントが終わると、すぐ男子の選手が入ってきます。私も女子の資料から男子に変えるのですが、人間の脳みそは簡単には切り替えができないものです。一番困ったのは選手たちのスコア速報でした。今のようにデータがすぐには画面に出ない時代。全部手作りの速報態勢。私よりも、私の目の前で速報を書き込む、手作り作業のスタッフが大変。

特に女子のスコアから男子のスコアへの切り替えは短時間でやらねばならず、あのゴルフの静寂の中継から特設スタジオはスコアの書き換え作業に一転、嵐が来たような慌ただしさに変わり、瞬時にまた再び何ごともなかったように放送に入る。今こうやって書けばまさにプロフェッショナルの仕事のようですが、本物の汗とそれよりさらに大量の冷や汗が混じった情景は今でも夢見て飛び起きることしばしばです。よくぞ間違えずに放送ができたと思います。いやだいぶ間違いがあったような気もしますが……。

女子ゴルファーたちにも思い出はたくさんあります。

樋口久子さん、岡本綾子さん、森口祐子さん。これも切りがありません。中でもチョット違った感覚で2年ほど「東海クラシック」に出場したローラ・ボーは忘れられません。フェアウエーの妖精と言われたように、その美貌とファッションは日本中の、特に男性ファンを虜にしたと言っても過言ではありません（いやもちろん日本の女子ゴルファーの皆さんも美しく素敵な方ばかりでした。念のため）。

カメラマンにとって絶好の被写体現るで、試合そっちのけで特にローラ・ボーがティーショットを打つときは日本中のカメラマンが集まったかのようにティーグラウンド下に大集結。一斉にパチパチ。お目当ては言うまでもなくパンチラショット。

彼女は美貌と容姿だけのゴルファーでは決してなく、16歳で全米アマチュアに勝つなど実力も相当に評価されていました。しかし、どうしてもその美貌のほうに目が向けられがちでした。私には金髪が風に靡《なび》き、何か愁いを含んだ寂しげな顔が印象的で、今考えるに彼女は決して幸せではなかったような気がしています。私の女性の見方は結構正しくないですか？

しかし、歳月は残酷です。その後彼女はアルコール依存症に苦しみ、アメリカツアーでは1勝もできないまま今年62歳を迎えます。あの秋晴れに映える金髪は本当に美しかった。それしか思い出がないのか？とお叱りを受けそうですが、あれからもう40年以上経ってしまいました。

11　競馬中継ーハイセイコーとオグリキャップ

名古屋駅から名鉄電車に乗り、もう間もなく岐阜に到着という頃、木曽川の鉄橋を渡り始めると右手に笠松競馬場が見えてきます。名馬名手の里、オグリキャップの故郷であり、安藤勝己を生み出したところ。そして、私の競馬実況の練習場所でもありました。

歴史を紐解くと、笠松競馬場は１９３１年（昭和６年）開場とあり、当時は98％が私有地。競馬場のコースの内側には畑、水田、そしてお墓までもあったそうです。お墓は知りませんでしたが、畑や田んぼでは競馬などには目もくれず一心不乱に働く農作業の方をよく見かけたものです。

正月の開催となると、今では想像できないほど立錐《りっすい》の余地もないほど満員のお客さんで溢れ、場内では予想屋さんのかん高い声、まるで蒸気機関車に乗っているかのような煙草の煙。やきそばや餅の香ばしい香り、袖すり合わせながら馬券を買い、缶ビールをちょいと一杯飲んでお目当ての馬に視線を合わせるやいなや、さあ、スタート。コートの襟を立て、熱狂する人の頭越しに、背伸びをしながら見たものです。やがては間違いなく無駄になる馬券を握りしめながら、小さな声で実況練習。しかしゴールが近くなると、我が買った馬の動向に注目。実況練習は自然と取りやめになりました。

笠松競馬場は年々観客が減り、その存続には様々な問題を抱えていますが、今なお昔の風情と哀愁を残す競馬場なのです。もうだいぶ前から笠松競馬場近くに居を構えた関係上、笠松出身のオグリキャップには強い思い入れがあります。

１９８０年代後半から１９９０年代の第二次競馬ブームの主役がオグリキャップとするならば、１９７０年代、やはり同じ地方公営出身の怪物ハイセイコーは社会現象とも言えるほどの第一次競馬ブームを起こし、ギャンブルと言われた競馬を健全な娯楽としての競馬へと橋渡しをした最大のヒーローと言えるでしょう。

忘れもしません。ハイセイコーの中京競馬参戦は私にとっても大パニックの一日だったのです。１９７４年（昭和49年）６月23日、中京競馬場高松宮杯（現在の６ハロンの高松宮記念Ｇ１とは違いＧ２の２０００Ｍのレース）、五歳になったハイセイコーは、おそらくこのころが一番体力と気力が充実のときを迎えていたような気がします。

宝塚記念を勝利した後、陣営はそのまま東京に帰る予定をせっかくだから名古屋のファンにも見てもらおうと、あまり日数が経っていないにもかかわらず中京の高松宮杯出走に踏み切ったのでした。いわば顔見世興行みたいなものでしょうか。

名古屋は大騒ぎです。当日私たち競馬スタッフも張り切って朝８時に名古屋東新町の東海テレビを出発、高速道路がまだない時代、国道1号線で中京競馬場へと向かったのですが、出発して5分も経たないうちに車はストップ。大渋滞に巻き込まれてしまったのです。まさかハイセイコーのせいではあるまい。単なる事故渋滞だろうからすぐ動くだろうと高を括っていたのですが、まるで動きません。

心配になって様子を探ると、やはりハイセイコー渋滞らしい。豊明にある中京競馬場までびっしり渋滞しているとのこと。いつもならば30分くらいで着くのですが、まあ1時間もあれば何とかメドが立つだろうとの楽観的な観測は裏切られ、1時間経っても、1時間半経っても、遅々として進まず。放送の午後3時までには大丈夫だよと余裕たっぷりの会話をしていた我々もやがては無言。沈黙が車の中を支配します。

流石に2時間半を超えると、近くまで来たらもう車を降りて走ろうとか電車に乗り変えよう等の話まで本気で出る始末。向こうに着いての放送準備を考えると冗談を言える場合ではなくなってきたのです……。

当時、中京競馬場は2万人を超えれば大盛況だった時代。この日はなんと6万8469人の入場者数がありました。まさに怪物ハイセイコーだからこその新記録だったのです。ハイセイコーは、地方公営大井競馬場で6連勝。1973年（昭和48年）、地方競馬の怪物として中央入り、爆発的人気を呼びます。今まであまり競馬に関心がなかった人たちも、ハイセイコー見たさに競馬場を訪れるようになり、競馬の人気向上に大きな功績を残したことは間違いありません。クラシックでは皐月賞に勝ったものの、ダービー、菊花賞は勝てず。怪物としての強さより何か応援したくなるような弱さも同居。それがファンにとってはたまらなかったのかもしれません。放送するほうも、何が何でもハイセイコーで、実況もハイセイコー応援放送に近かったような気がします。

さて、なんとか競馬場に到着するも、場内動きが取れません。この日ばかりは競馬場の放送スタジオでじっとしているよりほかありませんでした。そして、レースが始まりました。大声援です。双眼鏡を握る手にじっとりと汗。私もハイセイコーしか目に入りません。確か3番手から直線抜け出すもアイテイエタンに追い込まれ、ファンの悲鳴に近い声援のあと押しで何とか勝利。

後日、乗り役の増沢末夫は、「今まででも騒がれたことは当たり前でしたが、こんなに歓声を受けたのは初めてだ」と語り、そのときの感激はいまだに忘れられないと言います。競馬史に一時代を築いたハイセイコーは、増沢が歌う「さらばハイセイコー」の歌に送られ引退。北海道新冠明和牧場で種牡馬として余生を送り、2000年(平成12年)にその生涯を終えました。

さて、オグリキャップが笠松から中央入りしたのは1988年(昭和63年)。第2次競馬ブームの立役者だと言われています。ハイセイコーとは少し違い、オグリキャップは今のジャニーズのようなアイドルホースだったのです。もちろん未成年は馬券を買うことはできませんが、競馬場に若い人、カップル、家族連れを呼び込んだのです。

オグリキャップの中京競馬場登場は、7月10日、高松宮杯でした。実はオグリキャップは、クラシックに登録はなくダービーや菊花賞には出走できず、幻のダービー馬とも言われ、裏街道を走り続けなければならなかったのです。この高松宮杯は初の古馬との対決。特に華麗な逃げのランドヒリュウとの対決が注目を集めたレースでした。大歓声の中、レースは始まりました。案の定、レースはランドヒリュウが逃げ、オグリキャップは余裕をもって4番手追走です。

吉村「ランドヒリュウの華麗な逃げ。さあオグリキャップ、余裕をもって徐々に前進。3コーナー、中京桶狭間ポイントでランドヒリュウを視界に入れ、小回りの最後の4コーナー、鞍上・河内洋鞭を入れることなく、オグリキャップ2番手に上がってきました。さあランドヒリュウとの一騎打ちだ。古馬何するものぞ！　直線ランドヒリュウに並んだ。場内オグリ。オグリの大歓声。幻のダービー馬。笠松が生んだヒーローオグリの里帰りレースだ。並んだ、抜いた！　オグリキャップ一着ゴール。優勝です。なんと1分59秒0は中京芝2000のコースレコードです！」

人気実力で一世を風靡したオグリキャップの最大のドラマは、１９９０年（平成２年）12月23日の有馬記念でしょう。

その年、天皇賞、ジャパンカップと惨敗のオグリキャップに限界説が流れ、すでに陣営はこのレースを最後に引退させると発表。つまりオグリキャップのラストランとして有馬記念出走を決断したといいます。そのレースは日本中を感動させることになりました。直線、武豊の鞭にオグリキャップが反応。誰もが目を疑った。なんとオグリキャップが抜け出して優勝です。夕闇迫る中山競馬場はオグリ、オグリ、オグリの大合唱でした。今思い出しても涙が出るほどの奇跡の復活でした。

１９９１年（平成３年）１月15日、私もアナウンス人生の晩年に差しかかっていた頃、笠松競馬場ではオグリキャップの引退セレモニーが行われていました。もちろん、私も取材に行っていましたが、当時の新聞によると笠松の人口２万３０００人を上回る２万５０００人の観衆。さらには場内に入れず木曽川の土手で観戦した人を入れると、およそ４万人のファンが詰めかけたとあります。異様な熱気でしたね。

オグリキャップは観衆のどよめきに驚きもせず、生まれ故郷の笠松のコースを少々ふっくらした体で悠然と歩を進めていました。１９８０年代後半から１９９０年代にかけての第２次競馬ブームの主役は、こうしてターフを去っていきました。

双眼鏡を使って馬の状態をチェック。
中京競馬場で

競馬実況のようす。中京競馬場で（1993年）

おわりに―そして今……

光陰矢の如し。月日のたつのは本当に早いものです。

時は止まりません。瞬きする一瞬でも時は止まりません。

東海テレビの若き時代を終え、岐阜放送にお世話になったのが２００５年（平成17年）からで、何と今年13年目の春を迎えました。当初は岐阜放送の杉山幹夫会長との約束で、２０１２年（平成24年）の清流国体まで勤め上げる予定だったのですが、なんとそれから5年も居座り続けていることになります。恥ずかしい限りです。

岐阜放送のラジオ番組は、毎週月曜日の夜（午後6時30分～8時）。私が担当する「吉村功のスポーツ・オブ・ドリーム」もなんと６００回を超える長寿番組になってしまいました。

「いつ辞める？」「今でしょう！」の自問自答は胸の中で毎日続いています。でも、答えが出ません。いや恐ろしいので答えを出さないようにしているのかもしれません。もう今を生きることしか、この今の一秒一秒を大切にすることしか考えないようにしています。そして最後は自分の終焉を自分で見届けることになるのでしょうか？

「アナウンサーは足で喋る」は私の持論。やがて歩き疲れ、マイクを持ったままばったり倒れるのが理想です。

「スポーツ・オブ・ドリーム」は自分の足で取材し、そのインタビューやリポートを番組で流すことをコンセプトにしています。文字通り、「アナウンサーは足で喋る」を実践しています。したがって、毎週少なくとも一日は岐阜県内を東奔西走、取材に出かけます。それが週三日になることもたびたびです。私は、今どき珍しく車の運転免許を持っておらず、取材というよりも毎回、電車、バス、そして足を使って〝小さな旅〟を続けているほうが適切かもしれません。

ある日、高校のとあるスポーツ取材に行ったときのことです。例によって電車、バスを使って目的地周辺に到着。通りがかりの人に、「学校はどのへんですか?」と尋ねると、黙って遥か彼方の山を指差されました。

ひょっとしたら遭難するんじゃないかと思えるほどの山道を登り学校に到着し、取材は無事成功。後で聞けば、学生の通学路だというのです。生徒たちの足腰が強くなるのは当たり前だと感心も。流石に帰りはタクシーを呼んでもらい別の道で帰らせてもらいました。こんな小旅行ばかりでも最近は結構楽しく、いそいそと取材に行っています。また、辛い取材の後には必ず小さな感動があるのも楽しみの一つなのです。

２０１２年（平成24年）、岐阜清流国体は岐阜にとっては、１９６５年（昭和40年）以来47年ぶり2回目の国体でした。その開会式の実況を杉山会長に頼まれたときは、心の中であるリベンジが芽生えていました。

実は１９６５年（昭和40年）の岐阜国体も、東海テレビ時代に開会式実況を担当しているのです。と言っても、生放送はＮＨＫと岐阜放送だけで、東海テレビはビデオの中継だったと記憶しています。これは忘れられない〝屈辱放送〟になってしまったのです。

入社三年目の若僧アナウンサーだった私は、やはり相当気負って中継に行ったことは間違いありませんが、実況した後は自分としては、まあまあ巧く喋れたつもりで、少々得意顔で会社に帰ったのでした。

ところが、待ち構えていたのは黙っていても怖い顔の上司で、さらに一段と険しい顔で、「吉村！　このビデオ見とけ！　こんな放送しやがって！」といきなり怒鳴られてしまったのです。生意気盛りですから、ふて腐れて不承不承ながら　ビデオを見るとなるほどとさすがに納得せざるを得ませんでした。これは酷い放送だ！と

その酷い部分のみ、贖罪《しょくざい》の意味を込めて再生してみましょう。

吉村（実況）

「今、競技場にオレンジ色の炎が見えました。炬火の入場です。

……バックスレートにオレンジ色の炎が……

第4コーナーからオレンジ色の炎が……
正面スタンド前、オレンジ色の炎が……

今、聖火台にオレンジの色のトーチを持った……

今、聖火台に青空のバックに、オレンジの炎が燃え上がりました」
抜粋すると「オレンジ色の炎」しか実況の中に出てこないのです。全く気がついていなかった放送結果に思わず悔し涙が出てしまいました。かつての岐阜国体開会式の実況は、忘れることができない放送、屈辱放送だったのです。

ところが、運命の悪戯か、歴史の不思議と言おうか、まさか47年ぶりの清流国体開会式の実況が巡ってこようとは。岐阜放送にお世話になったときですら思いも寄りませんでした。何しろ清流国体があることすら知らなかったのですから。

2012年（平成24年）9月29日、岐阜清流国体総合開会式が行われました。その実況で一番気をつけたこと。それは47年前の反省から、「同じ言葉は絶対に使わない」でした。今思えば、あの47年前の「オレンジの炎」は私の頭の中ではまだ燃え続けていたのかもしれません。それは警鐘の炎だったに違いありません。けがの功名とやらで「オレンジ色の炎」のフレーズは一回も使いませんでした。

この年の国体は冬。そしてこの秋の国体も毎日リポートさせてもらい、苦しくもあり楽しくもあり、何か分相応の仕事をやり切った感がありましたね。最終日、夕暮れの長良川競技場をバックに吉村リポート、岐阜国体天皇杯獲得の喜びを報告した後、私の悪い癖。徐々に高まる気持ちを抑えることができず……。

「最後にこれだけはやらせてください」とマイクを置いて、「万歳！　万歳！」と叫びながら、何だか涙が止まりませんでした。

岐阜放送では、高校野球中継にまさかのゴルフ中継と、若いディレクターたちと喧嘩をしながらも楽しませてもらっています。東海テレビ時代のプロ野球中継をもって野球放送とはお別れのつもりだったのですが、岐阜放送に来て高校野球に出会い、その魅力にすっぽりはまってしまいました。

最初はプロ野球の中継をやっていたというプライドから、少し高校野球中継を甘く見ていたところもあったのでしょう。プロ野球中継と高校野球中継は全く別物であると気がつくのにほぼ2年かかりました。まず野球の試合のスピードが違うのです。高校野球は監督が抗議することもなく、全く間がありません。余計なことを喋っていると（私はこれが多い）、試合に付いていけなくなってしまうのです。

これには苦労しました。加えてプロの中継の場合は、自分が取材した選手や監督のエピソードをいかに入れるかが勝負で、これがすべてと申し上げても過言ではないのですが、高校野球はそうはいかないのです。妙なエピソードを入れたばっかりにお小言をいただくことしばしばで、おそらく私が放送した野球中継が一番抗議の電話を受けたのではないでしょうか。

しかし、これには結構納得しています。今は高校野球の虜になってしまい、若者のふりを装い放送を続けていますが、ほぼ限界に近いです。

とはいえ、いろいろな方との出会いは、また私の新しい宝物になりました。

私とほぼ同時期に岐阜の大垣日大高校にいらっしゃった阪口慶三監督は、岐阜の野球界に大きな刺激をもたらしました。愛知の東邦高校にいらっしゃった時代、東海テレビのアナウンサーとしては〝鬼の阪口〟に近寄ることもできなかったのですが、大垣日大では〝仏の阪口〟に変わり、いろいろなことを教えてもらい、感謝のみです。

岐阜の野球界中興の祖と言われる元県立岐阜商業高校の藤田明宏監督（現朝日大学野球部監督）には、自分の野球に対する未熟さを知るいいきっかけを与えていただきました。元岐阜県野球協議会理事長の見崎仁さんには〝困ったときの見崎さん〟として何回も番組に出演していただき、見崎さんのほうに足を向けては寝られません。

そして、中京高校監督から中京学院大学監督になった近藤正さん。私が野球中継をまだ始めたばかりの若い頃、中京大学の学生だった近藤さんは私の横でスコアラーをやったことがあるそうで、なんと言うことでしょう、私は全く覚えがないのですが、近藤さんの頭をぽかりとやったらしいのです。私はなんとも不謹慎な恐れ多い奴でした。

２０１６年（平成28年）、近藤監督率いる中京学院大学は全日本大学選手権優勝、全国制覇の快挙を達成。自分のことのように嬉しく、涙、また涙でした。私は別に、岐阜放送の専属ではないのですが、もう井の中に戻った年老いた蛙はこれ以上のことはできません。自分にできる範囲で岐阜のスポーツの取材を続けていこうと思います。

一昨年の暮れ、酔っぱらって帰った私は玄関先で転倒し、左膝を強打。以来まだ完治せず病院通いの日々が続いています。幾分足を引きずる状態が続いているのです。「アナウンサーは足で喋る」と言っておきながら足の故障とは〝もう辞めなさい〟と神様が仰っているのかもしれません。

しかしこうなったら、一日一日を大事に自分のたどり着くところを見届けようと思っています。それまでは「アナウンサーは口で喋るのではない。足で喋るのだ」と山道、坂道を歩き続けていく覚悟です。マイクを持ってばったり倒れるまで……。

２０１７年４月吉日

吉村　功

吉村功（よしむら・いさお）

１９４１年、東京都に生まれる。岐阜市在住。早稲田大学政経学部卒業後、東海テレビ放送に入社。アナウンサーとして、野球、ボクシング、マラソン、競馬、体操など数々のスポーツ中継の実況を担当した。「郭はもう泣いています！」「こんな試合は今まで見たことない！」「時計よ止まれ！」など数々の名言は今も語り継がれている。安定した実況ぶりと、「イントロの吉村」という強烈な個性で一躍全国区の人気アナに。また、スポーツ選手からの信頼が厚く、氏の地上波最後の放送では、星野仙一氏（元中日ドラゴンズ監督）が解説に駆けつけた。現在はフリーアナウンサー。「吉村功のスポーツ・オブ・ドリーム」（岐阜放送・毎週月曜日）のメインパーソナリティーを務め、日夜取材にあたっている。

装丁　三矢千穂
編集協力　工藤美千代

アナウンサーは足で喋る

２０１７年５月８日　初版第１刷　発行

著　者　吉村　功
発行人　江草三四朗
発行所　桜山社
〒４６７-０８０３
名古屋市瑞穂区中山町５-９-３
電話　０５２（８５３）５６７８
ファクシミリ　０５２（８５２）５１０５
http://www.sakurayamasha.com

印刷・製本　モリモト印刷株式会社

ISBN978-4-908957-01-7 C0095

桜山社は、
今を自分らしく全力で生きている人の思いを大切にします。
その人の心根や個性があふれんばかりにたっぷりとつまり、
読者の心にぽっとひとすじの灯りがともるような本。
わくわくして笑顔が自然にこぼれるような本。
宝物のように手元に置いて、繰り返し読みたくなる本。
本を愛する人とともに、一冊の本にぎゅっと愛情をこめて、
ひとりひとりに、ていねいに届けていきます。